故事表达力

时光叙事者 编著

中国纺织出版社有限公司

内 容 提 要

正因为有了想象力，人类才具备了持续进化的基础。故事表达力是人类的核心能力，每一个人都要勇敢地张开想象的翅膀，发挥表达的力量。

如果说在面对人生的关键时刻时，我们要发挥故事表达力，才能获得转机，决胜人生，那你是否会感到奇怪呢？没错，故事表达力就是有这样神奇的能力。在这本书中，我们面面俱到地阐述了故事表达力的重要性，也让被人遗忘的故事表达力重新得到重视，再次被使用。当具备了故事表达力，我们会发现原本乏味无趣的人生变得完全不同了。

图书在版编目（CIP）数据

故事表达力 / 时光叙事者编著 . -- 北京：中国纺织出版社有限公司，2023.12
ISBN 978-7-5229-0876-2

Ⅰ . ①故… Ⅱ . ①时… Ⅲ . ①思维方法②口才学 Ⅳ . ①B804②H019

中国国家版本馆CIP数据核字（2023）第153512号

责任编辑：柳华君　　责任校对：高　涵　　责任印制：储志伟

中国纺织出版社有限公司出版发行
地址：北京市朝阳区百子湾东里A407号楼　邮政编码：100124
销售电话：010—67004422　传真：010—87155801
http://www.c-textilep.com
中国纺织出版社天猫旗舰店
官方微博 http://weibo.com/2119887771
天津千鹤文化传播有限公司印刷　各地新华书店经销
2023年12月第1版第1次印刷
开本：880×1230　1/32　印张：6.25
字数：102千字　定价：49.80元

凡购本书，如有缺页、倒页、脱页，由本社图书营销中心调换

前言

很多人对故事都有遥远的记忆。在儿时的夏日夜晚，大树下凉风习习，年幼的孩子们正聚精会神地听爷爷奶奶讲故事。爷爷奶奶讲的故事都是口耳相传的，充满了奇幻色彩和浪漫情调，常常会让听故事的我们惊讶得目瞪口呆。在故事的陪伴下，我们一天天长大，渐渐远离了故事。后来，我们不再喜欢听故事，而是热衷于看电视、玩游戏。和酷炫的电子游戏、具有画面感的影视剧相比，人们认为故事是索然无味，既没有鲜艳的色彩，也没有精彩的画面，更没有扣人心弦的特技。的确，和现代化科技手段相比，故事是朴实无华的，是低调内敛的。然而，当我们真正用心地讲故事，全神贯注地听故事，就会走进故事的世界里，见识到故事的独特魅力和无与伦比的精彩。

讲故事很容易，可以讲述自己编造的故事，也可以讲述自己的亲身经历，还可以讲述他人的故事。要想把故事讲好，讲得打动人心，就一定要用心。很多人讲故事自说自话，只说自己关注或者了解的内容，而对他人想要听到什么漠不关心。从本质上来说，讲故事是沟通的一种方式。既然是沟通，就要与听众互动，就要满足听众的需求，也就是要了解听众，明确目的，才能把故事讲好。

此外，还要特别关注听故事的人。人们常说，做事情要因人制宜，讲故事更要根据听众的不同选择合适的故事，同时采取恰当的语调、面部表情、肢体动作等，才能把故事讲得精彩诱人。讲好故事是有难度的，不但要有完整的情节，还要具备很多要素，最重要的是设置冲突。不冲突，无故事，正是在解决冲突的过程中，故事才能发展到高潮，对听众产生影响力和作用力。

有人认为，只有小朋友才喜欢听故事。这是错误的认知。无论是在生活中还是职场上，人人都需要与他人沟通，也都需要发展自身的故事表达力，这样才能以讲故事的方式更好地进行表达和沟通。

做到上述几点，才能讲好故事。而要想让故事具有感染人的力量，还要在故事中注入真情实感，引起听众的共鸣。引起听众共鸣是有技巧的，如讲述与听众有关的故事，讲述失败的故事，讲述能够产生代入感的故事。总之，每个人讲故事都有独属于自己的方式和技巧，会起到与众不同的作用。作为现代人，我们不但要用动之以情、晓之以理的方式说服他人，也要用讲故事的方式让人主动领悟道理。毋庸置疑，人人都不喜欢被强制，与此恰恰相反，对自己领悟出的道理，人人都很信奉、很维护。

是时候给故事正名了，讲故事不是卖弄口舌，更不是务虚。讲好一个故事不能只靠天赋，也不能信口开河。故事力不是天生的，需要在后天成长的过程中不断培养，通过反复练习才能得到提升。相信在认识到故事表达力的重要性，坚持讲好故事之后，我们都能成为故事大王！

编著者

2023年3月

目录

001 第一章
讲故事很重要，培养故事表达力更重要

- 002 故事表达力是什么
- 007 如何通过讲故事影响他人
- 012 故事比事实的说服力更强
- 016 故事能够提升信任度
- 019 "画饼充饥"VS"挖好大坑"
- 024 故事的循循善诱
- 027 讲好自己的故事，过好自己的人生

031 第二章
好故事必须具备的"基本素质"

- 032 好故事人人都能听得懂
- 037 激发听众的好奇心才算成功
- 042 背景衬托冲突，冲突表现立意
- 046 引起共鸣的故事动人心
- 050 开头和结局同样重要
- 054 故事要有明线、暗线和辅线
- 059 故事要情绪饱满

065 第三章
选好故事，让听众怦然心动

- 066 故事要进入听众的世界
- 070 知己知彼，百战不殆
- 073 讲故事要有同理心
- 078 核心思想，是故事的灵魂
- 083 冲突一定要吸引人
- 088 故事主线凝聚背景和冲突

093 第四章
讲好故事，提升诚信力

- 094 获得他人的认同感
- 098 被他人记住
- 102 讲好故事，成功面试
- 107 用故事体现价值观
- 112 以故事润色自己的不足

117 第五章
人在职场，故事力不可缺少

- 118 不要让改变成为空降兵
- 122 用独到的方式证明自己的实力

| 127 | 锦上添花，不如雪中送炭
| 130 | 洞察他人的需求
| 134 | 好领导要会讲故事
| 139 | 用故事传递企业文化

第六章
145 让故事打动人心，让销售水到渠成

| 146 | 讲得早，不如讲得巧
| 151 | 用故事赢得客户的信任
| 155 | 如何催促不着急的客户
| 159 | 被拒绝了，用故事消除尴尬
| 163 | 让客户免费为你宣传

第七章
167 精彩的故事，三分靠讲七分靠演

| 168 | 创造和想象，让故事充满画面感
| 173 | 好故事有性格
| 178 | 肢体动作的表达效果更好
| 182 | 此时无声胜有声
| 186 | 营造氛围，演绎属于听众的故事

190 参考文献

第一章
讲故事很重要，培养故事表达力更重要

很多人都喜欢听故事，尤其是小朋友，每当爸爸妈妈或者老师、小伙伴开始讲故事，他们就会开启聚精会神的倾听模式，生怕错过任何精彩的情节。这是因为故事有着生动曲折的情节、绘声绘色的语言和精彩的主题。其实，我们还可以用讲故事的方式与人沟通，故事表达力的重要性不可忽视。

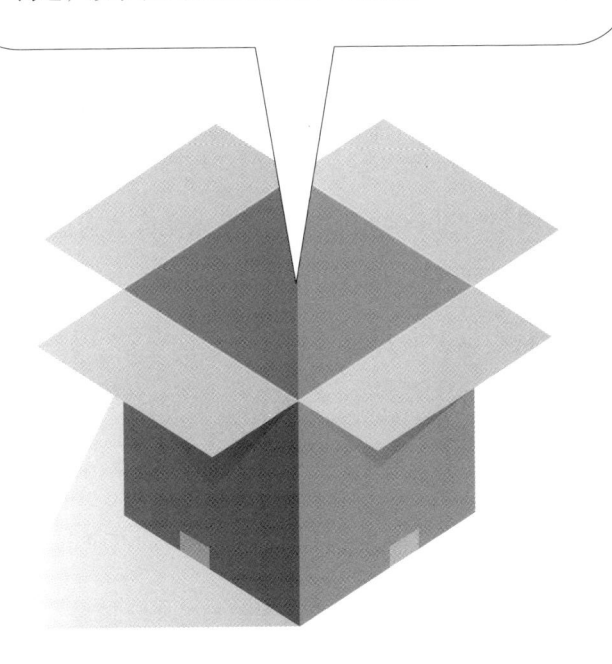

故事表达力是什么

提起故事表达力,大多数人都感到很陌生。有影响力、思维力、理解力、共情力等,怎么还有故事表达力呢?没错,会讲故事也是一种能力,而且会对我们的生活产生重要的影响。还记得小时候吗?在炎热的夏季夜晚,把竹子编制的床搬到户外,一边躺着看星星,一边听年迈的爷爷奶奶讲故事。那些民间传说故事充满了神话色彩,令我们时而感到惊喜,时而感到害怕,却又欲罢不能,想要继续听。有的时候,我们会被带入故事的世界里,过于沉浸其中,就连做梦都梦到了故事中的情节呢!由此可见,故事具有打动人心的力量。

只可惜,随着时代的发展和社会的进步,大多数人都搬进了楼房里,即便在农村,也很少会有人在夏日的夜晚汇聚在大树底下纳凉了。很多小朋友热衷于使用电子设备看视频、听故事、看动画片,庞杂的信息充斥着孩子们原本简单又快乐的童年,使孩子们无法耐心地听爷爷奶奶讲述古老的故事。虽然讲故事的习惯正在渐渐被遗忘,但是每个人每天都离不开讲故事。例如，幼儿园的孩子放学回家会迫不及待地把一天中发生的事情讲给爸爸妈妈听，爸爸妈妈也会告诉孩子家里发生的事情，夫妻之间还会议论一些网络上的热门新闻等。这些内容在本质上都是故事，只是讲故事的人没有意识到自己是在讲故事而已，以为只是在漫不经心地诉说。

人类自开始直立行走就具备了故事表达力，所以人类有讲故事的基因。人类正是以讲故事的方式记录文明发展的进程，如壁画等。没错，壁画就是讲故事的雏形，在远古人类生活的山洞里，考古学家发现了栩栩如生的壁画，壁画上呈现的是白日里狩猎和采集的情形。可想而知，我们的祖先每当夜幕降临，就会躲在山洞里过夜，也用绘画壁画的方式记录下一天的生活，讲述给他人听。通过精心绘制的壁画，我们得以了解祖先生活的方式，更加深入地追求生命的起源和真相。

随着人类文明的不断发展，有了象形文字。象形文字，就是很像是图画的文字，一眼看去就知道这个文字的意义。在漫长的人类发展进程中，文字的出现具有划时代的意义，使人类能够用文字记录各种生活中的奇闻异事，所以才有了中国的《山海经》，也有了《伊索寓言》等故事集合。这些见证了人类发展历史的故事，既记录了人类祖先生活的智慧，也给予了后人思想的启迪。

现代社会中，虽然有很多现代化的记录方式和手段，但是讲故事的地位仍是前所未有的重要。为何要这么说呢？这是因为现代人每时每刻都在通过各种方便快捷的方式接收信息，在海量信息的冲击和刺激下，现代人保持专注的时间越来越短暂。曾经，爷爷奶奶会用缓慢的语调花费一整个夜晚的时间讲述一个故事；现在呢，只需要几十秒的时间，我们就能得知一个故事的梗概，因而也就失去了耐心倾听整个故事。这使人们只会关注那些吸引人眼球的东西，而忽视了沉淀下来的故事和文字。

在如今的信息时代里，仿佛一切都要变现为流量才具有价值和意义。然而，流量就像是一把双刃剑，在给很多人带来关注和聚焦的同时，也使人们的视野变得狭窄，从而忽视了生活中的真善美。正如一首诗里所说，以前一切都很慢，慢得一生只够爱一个人。现在呢，一切都转瞬即逝，人们更关注一时的刺激，而不再是平淡而长久的生活。

最近十几年，人工智能以前所未有的速度飞快发展，创造了很多此前想都不敢想的奇迹。但是，人工智能永远无法取代人类的智慧，各种现代"故事机"讲述的故事远远不如爷爷奶奶亲口讲的故事那样动人，那样有温度。不管是在古代，还是在现代，故事都是人类智慧的载体，讲故事更是人类智慧得以代代相传的有效途径。在说服他人的时候，如果费尽唇舌也没能打动他人，不如改变方式，从动之以理、晓之以情到情真意切地讲故事。相信故事一定能够打开对方的心扉，使对方放下戒备，愿意倾听。

也许有人觉得讲故事是拖沓的表达方式，如果真的想要阐述清楚内容，就应该用PPT的方式呈现，一目了然。的确，如果只是为了传达信息，可以使用PPT。但是，PPT是没有血肉和感情的，如果想打动他人，就会事与愿违。和PPT仅能作为内容的载体不同，故事之中蕴含着人类丰富的智慧，如智商、情商、共情力、沟通力、领导力等。一个人如果能够讲好故事，就意味着他在很多方面都是非常优秀的。

千万不要认为只有年迈的爷爷奶奶才喜欢用讲故事这种落后的方式哄孩子，其实，讲故事非但不是落后的沟通方式，反而是更为高级的沟通模式。一直以来，我们被灌输以各种各样的知识，在能力发展方面也竭尽全力，却唯独忽视了要培养和发展讲故事的能力。在面试的过程中，讲好故事能打动面试官，赢得面试官的关注和喜爱；在销售工作中，讲好故事能说服客户，让客户心甘情愿地掏出钱包付款；在与下属沟通的过程中，讲好故事能在故事中糅合道理，让下属乐于接受；在与上司沟通的过程中，讲好故事才能委婉地提出自己的诉求，得到上司的认可和支持……在中国的历史上，触龙说赵太后的故事是非常经典的，面对不愿意把儿子送到其他国家当人质的赵太后，触龙讲述了自己爱孩子、为孩子计深远的故事，成功地劝服赵太后改变了想法，也拯救了赵国。众所周知，在封建时代，大臣伴君如伴虎，如果没有超强的故事表达力，触龙还真是难以完成这么艰巨的高难度任务。

每个人都要学会讲故事，在家庭中可以哄娃，在职场中可以与同事交流，在社会中可以起到良好沟通的作用。一个善于讲故事的人不会墨守成规，能够从崭新的视角出发看待问题、考虑问题、解决问题。正如一句美国谚语所说，那些会讲故事的人将会统治世界。作为普通人，即使不想统治世界，我们也应该以超强的故事表达力搭建自己通往世界的桥梁。

第一章
讲故事很重要，培养故事表达力更重要

如何通过讲故事影响他人

人人都会讲故事，却只有很少的人能够讲好故事，而能够通过讲故事影响他人的人，更是凤毛麟角，屈指可数。需要注意的是，本书中所说的讲故事，并非简单意义上的诉说某件事情，而是有目的地讲述，即向某个特定的受众群体传播某种观点，组织语言进行更好的表达，获得特定的受众群体的认同。那么，故事表达力到底是什么呢？

电商平台蜜芽的创始人刘楠曾经是一位全职妈妈。她在当全职妈妈期间，在淘宝上开了店，销售额高达3000万元，不曾想却遭遇了发展的瓶颈期，她想要突破瓶颈寻求突破，从而获得更好的发展，为此发了一条信息给大名鼎鼎的投资人徐小平。信息内容是：我毕业于北京大学，在淘宝开的店铺销售额达到3000万元，但是我很迷茫，想要得到您的开导。我知道，您是心灵导师。

就是这样的两句话，成功地打动了徐老师，徐老师看完信息就给刘楠打电话,并在当天下午就与刘楠面谈了四小时,初步决定投资给刘楠。如今,刘楠一手创办的蜜芽经过五轮融资,市值高达100亿元。

看到这里,相信大家会感到疑惑,刘楠为何这么容易就打动了徐小平,并获得了徐小平的投资?其实,这是因为刘楠善于讲故事。一句话难道也能称作故事吗?当然。刘楠的信息一共有两句话,第一句话就是一个扣人心弦的故事。尽管很短,却很完整,而且释放出关键的信息,所以才能对徐小平产生强烈的吸引力。

"我毕业于北京大学,在淘宝开的店铺销售额达到3000万元,但是我很迷茫,想要得到您的开导。"北京大学是全国的最高等学府,毕业于北京大学的学子选择在淘宝开店,这是为什么呢?事实证明,北京大学的学子开店的确与众不同,销售额高达3000万元,说明她有独特的能力。但是,发展势头良好之际,这位北大毕业生却又感到迷惘,可见她有更为强大的野心。这样的一句话释放出强烈的故事讯号,成功地激发了徐小平的好奇心。不得不说,徐小平被这句话牢牢地吸引住了。正因如此,才会有接下来发生的事情。刘楠的经历,足以证明会讲故事的重要性,也足以证明故事表达力的不可或缺。

第一章
讲故事很重要，培养故事表达力更重要

假设刘楠长篇大论，以"徐老师，您好"为开头，把自己的奋斗史娓娓道来，那么徐小平很有可能没有耐心看，也很有可能认为刘楠只是想要获得投资，并无出奇和过人之处。刘楠胜在开门见山，第一句话就亮出了自己的底牌和强大的资本。

很多人都喜欢以"因为"开头，以"所以"结尾，阐述清楚自己的心路历程和想要达到的目标。但是，这样的叙述方式平平无奇，不能激发起他人的好奇心。如果能够在"因为"和"所以"之间加上"但是"，那么平铺直叙的话语就会变成精彩曲折的故事。当然，这里的"因为""所以"和"但是"并非是寻常意义上的关联词，而是代表着前因、后果和矛盾冲突。故事是由冲突构成的，如果没有冲突，就无所谓故事。在这个角度，我们就会发现刘楠的两句话里有三个冲突，北大毕业和淘宝是冲突，销售额3000万元和感到迷茫是冲突，前一句话和想要得到心灵导师徐小平的开导也是冲突。

这么有故事的淘宝店主吸引了徐老师的关注，又给徐老师戴上了"心灵导师"的高帽子，徐老师怎么不会当即回应呢？当天下午就见面，而且初步产生投资意向！这样的叙述完全符合"因为、但是和所以"的故事构造。

古人云，一花一世界，一叶一菩提，我们也可以说，一句话也能成为一个扣人心弦的故事。讲故事要有立意，要带着目

的去讲。"但是"正是用来体现目的的。一个"但是"就足以让听众欲罢不能，带着强烈的好奇心寻根究底，全神贯注地倾听，生怕错过任何有用的信息。

当然，故事表达力不是与生俱来的，需要坚持练习才能渐渐形成和提升。讲好故事看似简单，实则很难，要想用故事打动他人，影响他人，更是难上加难。具体来说，要做好几个方面，才能讲好故事。

首先，要坚持阅读。每个人的人生经历都是有限的，没有丰富坚实的人生沉淀，要想讲好故事必然很难，所以可以用阅读的方式了解更多人的人生经历，也开拓自己的眼界，增长自己的见闻，这样才会形成大格局，也加深思想的深度，讲好故事。

其次，要养成乐于表达的好习惯。做任何事情都有一回生二回熟的过程。有些人很害怕当众表达，更别说当众讲故事了。那就可以从私底下偷偷练习开始做起，再循序渐进地当众表达。当习惯了表达，就能够从生涩表达，到随心所欲地表达，到绘声绘色地表达……从而形成故事表达力。

再次，运用"但是"，吸引他人。正如前文强调，"但是"代表着冲突，有冲突才成故事，也才能成功激发他人的好奇心，吸引他人的关注。

最后，要阐明主旨，明确目的。讲故事是有目的的，能够达到目的的故事才是好故事。当然，如果还想有讲故事的机会，也可以在结尾处设置悬念，给人留下无穷的想象空间。

如果能够做到这四点，讲述的故事就算是合格的。然而，好的故事需要锦上添花，所以可以根据想要表达的内容，根据听众的反应，根据我们的故事表达力，采取更多的有效方式，让故事变得更加精彩生动。

故事比事实的说服力更强

很多人都有一个错误的认知,即认为事实是最具有说服力的。其实,事实至高无上的说服力只是和假象相比得出的,在以说服他人为目的的交流中,故事的说服力才是最强的。

作为讲故事的人,如果我们讲的故事能让听故事的人心中充满激情,愤怒全无,只有悲天悯人,只有希望热情,那么听故事的人就会相信这个故事,也会相信我们。由此可见,故事的力量不容小觑。

那么,与事实相比,故事的说服力从何而来呢?

首先,和事实比起来,故事有更大的空间进行再创造,所以更加招人喜欢。在以色列的一则寓言中,描述了人们对"事实"和"故事"的不同态度。人们热烈欢迎"故事"的到来,却不愿意招待"事实"。苦恼的"事实"把村民赶走自己的事情讲述给"故事"听,善良的"故事"把自己的衣服穿在了"事实"身上,果然,乔装打扮成"故事"的"事实"受到了人们的欢迎。我们很容易就能想明白这个道理,即通常情况下，事实都是很残酷的，唯真实论，会生硬地把道理灌输给人们，但是故事完全不同。即使想要讲述和事实一样的道理，也会采取委婉的表达方式，以生动的情节和丰富的语言包装道理，让人们在听故事的过程中不知不觉领悟道理，明白道理。和被强制要求接受道理相比，主动地领悟道理，明白道理，自然会起到更好的效果。

此外，讲故事能够引起人的共鸣，也能够让人产生共情。直截了当地说教总是让人难以接受，也会使人情不自禁地产生抵触和对抗心理，从而形成对立状态。但是，讲故事却能把价值观和人生观等糅合在情节中，让听故事的人主动体会和领悟。对故事中的人物，听故事的人还会感同身受，产生共情，也就更容易理解和体谅故事中的角色，从而产生宽容心、感恩心等。

尽管很多人喜欢用事实说话，可真实的情况却令人感到遗憾，即当事实孤立无援地试图为自己发声，却发现自己的呐喊是苍白无力的，不能振聋发聩。例如，很多烟民每次拿出烟盒都会看到"吸烟有害健康"这几个字，也明白这几个字阐述了一个血淋淋的事实，但是他们依然无法控制住自己想要抽烟的欲望。如果能够换一种方式，不用烟盒上的警示语提醒抽烟者残酷的事实，也不再以唠叨的方式引起抽烟者的反感，而是以讲故事的方式告诉抽烟者抽烟会严重危害自身和家人的身体健康，甚至因为身患疾病而连累全家人，相信抽烟者会更愿意反思自己抽烟的行为，也有可能主动地尝试戒烟。

为何讲故事会有这样的魔力呢？因为听完故事，抽烟者当即就会把故事中主人翁的悲惨经历套用到自己身上，由此产生一系列不好的联想，从而切身感受到抽烟的危害。

除了能够起到更强的说服作用之外，和零散的事实相比，故事因为连贯性、情节性和生动性等特性，更容易让人记住。一个人也许记不住事实，却会对故事印象深刻，有些记忆力强的人还能复述故事的细节和对话呢！

讲故事不但具有比事实更强的说服力，也比事实更容易被人记住，还比简历和名片具有更强的吸引力。在职场上，人人都想第一时间被他人记住，给他人留下深刻印象，因而会精心制作简历和名片，以这样的方式向他人介绍自己。可惜，大多数名片和简历都被收到的人随手丢到了某个地方，自然也就不会被记住。如果换一种思路，找到机会给想要结识的人讲故事，相信一定会有令人惊喜的效果。这是因为故事的情节和画面都会深刻地留在对方的记忆中，甚至在未来的某个时间，对方会因为听到相似的故事，或者看到相似的情形，而在第一时间想起讲故事的人。

在忙碌的现代社会中，对所有人而言，最重要的不是时间，不是信息，不是机会，不是资源，而是他人的关注。在网络世界中，人人都疯狂地追求流量，流量就是虚拟世界中的关注。在现实中，关注同样至关重要。面试官如果关注某个面试者，就会打电话通知面试者参加下一轮的面试；老师如果关注某个学生，就会在这个学生身上投入更多的时间和精力；领导如果关注某个下属，就会在有晋升机会时第一时间想到这个下属，也愿意帮助他赢得更大的工作平台……可见，推销自己就是赢得他人的关注，同时，唯有赢得他人的关注，我们才能把自己推销给他人。

要想赢得他人的关注，我们就要付出机会成本，诸如借助于汇报工作的机会向上司表现，借助于聊天的机会给他人留下好印象，借助于面试的机会给自己争取到好工作，这些都是机会成本。在付出机会成本的同时，人人都想一招制胜，那就要抓住开口的机会，成功地吸引他人的关注，成功地激发起他人对自己的好奇心。反之，就是白白浪费了机会，而没有起到预期的效果。

故事能够提升信任度

作为讲故事的人，如果你的故事能够赢得他人的信任，那么你也就能赢得他人的信任。其实，故事本身就能够提升信任度。在本性的角度，人很容易产生怀疑，这并非是因为疑心重，而是人具有这样的本能。人类的自我保护机制，决定了会对一些事情采取怀疑的态度，也会用各种方式去验证和求证事情的真伪。

诗人塞缪尔·泰勒·柯勒律治曾经说过，当人进入故事世界时，就会心甘情愿地放弃怀疑，这使一切都改变了。有心理学家针对这个现象进行过研究，发现一个人原本的信任度是30%，处于相对较低的水平。如果他不擅长讲故事，那信用度就会维持这样的低水平。反之，如果他擅长讲故事，也用讲故事的方式打动了他人，他就能成功地把自己的信任度提升到70%。从30%到70%，这样的改变是令人惊奇的，就是讲故事在发挥作用。

讲故事为何能够提升一个人的信任度呢？因为故事不是残

第一章　讲故事很重要，培养故事表达力更重要

酷的事实，而是承载着情感价值的载体。当沉浸在故事的情节中，与故事中的人物角色一起哭一起笑的时候，我们就与这些角色产生了共情，令我们变得宽容，放下那些僵硬的、缺乏人情味的评判标准，以宽容的心原谅他人的错误，以包容的态度接受此前未知的事物，或者接受那些完全不认可的人和事物。这就是故事的独特魅力，让我们的内心变得柔软，让我们的世界变得博大，让我们的观点不再尖锐和极端。

小雅是某品牌手机的忠实粉丝，每次换手机都坚定不移地选择那个品牌，但是最近，好友小丽发现，小雅居然换了一个手机品牌。小丽急忙追问小雅换手机品牌的原因，小雅动情地讲了一个故事。

"前段时间，咱们都很忙，一直没见面，我无意间看了一则这部手机的广告。这个广告讲述了一个很温情的故事，关于一个女孩学习钢琴。一个叫安娜的小女孩从5岁开始学习钢琴，始终怀揣着音乐梦，一直到20岁还在学习钢琴。在此期间，家人始终陪伴和支持她。后来，她成了钢琴家，她的祖父安详地离世了。我也不知道怎么了，看着这则广告就想起了我小时候住在爷爷奶奶家里学习舞蹈的事情。爷爷奶奶一直照顾我，鼓励我，虽然我没有成为舞蹈家，但正是因为有了爷爷奶

奶，我才能成为现在的自己。看了这则宣传片，我哭了半小时，我特别想念我的爷爷奶奶。第二天下班路过卖这部手机的手机店，我就进去买了一款，没有丝毫犹豫。经过一段时间的使用，我很后悔没有早一点买。"

  因为一则宣传片讲述了女孩安娜学习钢琴的故事，这部手机成功吸引到一个用户，这就是故事的魅力。此前，小雅是其他手机的忠实粉丝，但在看了这部手机的宣传故事后，被触动了心弦，也因为思念爷爷奶奶而泪流满面。这就是共情。共情使小雅毫不迟疑地购买了这部手机，由于手机本身质量过硬，小雅还后悔没有早点购买呢。

  乔纳森·海德特是纽约大学社会心理学家，对人类的大脑很有研究。他曾经说过，人类的大脑不是逻辑处理器，而是故事处理器。正是因为这样的特质，人们才会被故事感染，与故事共情。这一点也表现在作选择的时候，如很多人都是凭着直觉作出选择的，而非依据推理。而故事，恰恰会激发我们的直觉，使我们不假思索就能作出最贴近自己心灵的选择和决定。

第一章 讲故事很重要，培养故事表达力更重要

"画饼充饥"VS"挖好大坑"

与事实的唯一性相比，故事的想象空间无疑是巨大的。正因为如此，故事才会比事实更加精彩，也更能够打动人心。如果说结果是事实，那么过程就是故事。在给其他人讲述一件事情的过程中，我们一定要发挥故事表达力，把事情讲得活灵活现，生动具体，才能吸引他人，打动他人的心。

对事实，大多数人都会采取接纳的态度，或者喜悦地接受，或者伤心地接受，很少用想象力进行加工，悲观者更不会采取行动试图改变什么。和事实相比，故事更能够触发人的想象力。通常情况下，人们可以发挥想象力，推测和判断那些还没有发生的事情。在想象的过程中，人们在头脑中形成画面，而画面会深深地镌刻在人的脑海中，使人欲罢不能地继续深入思考。正是因为如此，才有人认为一张图画胜过千言万语。那么，故事与图画之间有什么联系呢？好的故事就是一幅幅画面，当故事在听众心中留下了画面，听众就会拥有更为辽阔的想象空间。

对那些用想象安慰自己的行为，人们常常总结为"画饼充饥"。那么，通过讲故事的方式营造画面感，是画饼充饥吗？要区分看待。想象出的画面的确会对人的内心产生影响力，发挥作用，但故事营造画面感也许是在画饼充饥，自欺欺人，也许是在刻意"挖坑"，让听众跟随讲故事者的思路思考。当然，这里的挖坑并没有恶意，而只是为了达到讲故事的目的，让故事变成一幅幅画面，引导听众思考，朝着我们想要的结果前行。

判断一个故事讲得好不好，就要以是否有充足的画面感为依据，就要以是否给予听众辽阔的想象空间为判断的标准。当听完一个精彩的故事，听众往往会沉浸在故事的情节中无法自拔，为故事中各个人物的喜怒哀乐而悲喜。因为听了一个故事，我们还会改变自己的某些观念，重新判断一个人或者一件事情。由此可见，故事表达力的力量是非常强大的，影响力也是非常深远的。

根据故事的不同作用，我们可以把能够激发积极联想的故事称为画饼，而把对糟糕情况产生恐惧的故事称为挖坑。从本质上而言，不管是画饼还是挖坑，都是以想象力在脑海中营造未来有可能发生的情形。正是因为有了想象力，我们的脑海中才有生动形象的画面，才能发挥影响力，是自己的内心产生更为强大的力量。毋庸置疑，想象力是不可或缺的，也是至关重

第一章
讲故事很重要，培养故事表达力更重要

要的。

在试图用讲故事的方式影响他人的时候，我们应该以不同的目标和不同的听众为依据，适当地调整讲故事的策略和方式。尤其是要结合当时的情境，把情境中相关的人和事都纳入考虑的范畴，才能作出准确的判断。例如，我们可以讲故事，也可以摆事实，讲道理，或者晓之以情，动之以理。不管采取怎样的方式，能够达到预期的目的即可。

在讲故事的过程中，不管是画饼充饥还是挖好大坑，都要坚持对事不对人的原则。不管以怎样的策略，或者采取怎样的方式方法讲故事，听众都是"人"。如果能够讲好故事，听故事的人就会共情，也会共鸣。一旦调动起听众的情绪，故事就能发挥影响力，影响听众的决策和观点。具体而言，要先分析决策的特性。所谓决策，是在事情还没有完全发生且成为定局的情况下作出的决定。显而易见，在作决策的时候很多事情都是未知且待定的。反之，如果所有因素都是确定的，则只需要作出选择，而无须决策。

一般情况下，面对不同的选项可能带来的未知结果，很多人都会感到迟疑，犹豫不决。感性的人会根据直觉作出决策，而理性的人很有可能列举所有的好处和坏处，一一对比，慎重权衡。然而，理性的人即便作了周密精确的分析，在理智上倾

向于作出更趋于完美的选择，但是在真正作决策的一刹那，内心还是倾向于选择自己真心喜欢的选项。换言之，很多人最终屈从了直觉。

心理学家经过研究发现，情绪能够帮助人们作出决策。过于理性的人很容易陷入选择困难的困境，而无法顺利地作出决定，就是因为他们缺乏情绪的辅助作用。比起过于理性的人，感性的人有更饱满的情绪，因而能够在情绪的驱动下迅速打定主意。举例而言，只是去哪家餐厅吃饭的简单问题，理性的人也会反复权衡和比较，最终不知所之，而感性的人则会在观察餐厅的环境、就餐人数和装修风格、菜品种类之后，当即作出决定。还有些人特别容易感情用事，会随机地选择一家餐厅，因为他认为即使选择错误也没关系，下次再换一家餐厅就能解决问题。基于人们作出决策时需要情绪这一特点，讲故事就可以通过影响听众的情绪帮助听众作出决策。

在职场上，很多人都会说"对事不对人"这句话，貌似是以这句话为原则作出各种决策，实际上却常常受到各种因素的影响，导致决策不够客观公允。人有很强的主观性，每个人都会在无意识的状态下受到主观观念的影响。人在职场，真正奉行对事不对人的原则是很难的，因为不管是在人才选拔，还是在升职加薪的时候，即使候选人在其他方面的表现不分伯仲，领导者也会情不自禁地偏向给自己留下深刻印象的员工，理由还冠冕堂皇："这个人更有潜力，未来不可限量。"看到这里，相信很多职场人士都想问："如何让领导认为我很有潜力呢？"其实很简单，就是给管理者讲故事，以精彩的故事影响管理者，也能潜移默化地改变管理者的想法。

举世闻名的戏剧作家莎士比亚曾经说过，我们虽然不能以智力影响他人，却可以以情感影响他人。那么，从现在开始就学习讲故事吧，相信随着故事表达力的提升，你一定能够游刃有余地给听众画饼充饥，也能给听众挖好大坑，这样就可以引导听众，驾驭听众了。

故事表达力

故事的循循善诱

讲故事一定是有目的的,毕竟不是闲谈,不会如同无心聊天那样漫不经心。尤其是作为一个拥有故事表达力的人,在讲故事之前就要先确立自己的目的,根据自己的目的选择合适的故事。目的不同,对同一个故事,在讲述故事的过程中,也要区分侧重点。没错,同一个故事可以达到不同的目的,关键在讲故事的过程中,我们更倾向于表达什么观点,更想起到怎样的作用。

每个故事都树立了观点,但是,故事并不会直白地直接表达预先设立的观点,所以当事实和道理都引起他人反感时,讲故事却能使他人沉浸在情节中,和故事中的各种角色同悲同喜,最终在不知不觉间就领悟了故事中的道理,积极地作出了改变。这就是故事的独特魔力,使故事能够达到事实和道理都无法达到的目的。

一个人在作出决策的过程中,不管决策是大还是小,都会受到各种因素的综合作用和影响。这些因素包括人生经历、生活经验、教育经历、性格特点、成长背景、家庭环境、习惯偏好、兴趣爱好等。当我们试图说服别人，必然会引起别人的反感和抵触，因为说服的过程就是用自己的观点取代他人的观点，且让他人认可自己观点的过程。对任何人而言，推翻自己的观点，清除自己在成长过程中积累的各种见识和结论，显然是非常困难的。其实，擅长说服的人都有独特的说服技巧，如否定自己肯定他人，贬低自己赞美他人等。最高明的说服方法是，让被说服者误以为我们的观点就是他们的观点，一个人总是乐于肯定和支持自己的，说服也就水到渠成了。不得不说，这样的说服出神入化，可要想实现却是很难的。这要求说服者洞察人心，组织好语言，以不会引起对方抵触和反感的方式，把道理潜移默化地植入对方的内心。当然，世上无难事，只怕有心人。即使是很艰巨的任务，只要我们下定决心，也有可能获得成功。其实，掌握了讲故事的技巧，把道理糅合进入故事之中，随着故事情节的不断发展，听众就会渐渐地自主领悟出故事中蕴含的道理，甚至把这个道理作为自己的感悟。如此，说服当然水到渠成。

那么，故事是如何实现如此高超的说服效果的呢？和事实的枯燥乏味、道理的僵硬冷漠相比，故事是曲折离奇的，是生动精彩的，是有温度的，也是循循善诱的。没有人愿意被他人说教，故事不动声色，是效果最好的说教。当我们能够循循善诱地讲故事，我们的说服能力就会得到极大幅度的提升，在与人沟通的过程中也就会更加主动，引导话题的开展，把握谈话的节奏，得到想要的交流效果。

说服他人和讲故事给他人听，效果大不相同。如果以一个动作形容，说服他人是推动他人，而讲故事则是拉动他人。被推动的人常常心不甘情不愿，被拉动的人却很有可能主动奔跑。从听众的角度，被说服者是被动接受，而听故事的人则是主动领悟。听故事本身就是一个再加工的过程，在听的过程中，听众也许不但领悟了讲故事人的本意，还能领悟出更多的道理呢，这就是两者之间的本质区别。

循循善诱的故事就像春雨润物细无声，能够使人们在不知不觉间走进我们精心构筑的世界里，也张开想象的翅膀充分加工故事，还能调动自身的情绪，反思自己的各种想法和观点。当心态改变，观点改变，决策自然改变。总之，不要再以各种数据、各种事实试图说服他人了。所有好的故事都比数据和事实更有温度，也更能够打动人心，循循善诱的故事更是如此。当你成为故事大王，你就能够用讲故事的方式达到目的。

讲好自己的故事，过好自己的人生

常言道，人生不如意十之八九。在这个世界上，每个人都有自己的苦恼，也有诸多不如意。面对各种各样的坎坷境遇和意外打击，是选择认命，被动地接受，还是选择奋起，全力以赴改变命运，决定了不同的人有截然不同的人生。人的一生是奋斗的一生，即使向死而生，也要努力地活好。在艰难生存的过程中，人人都在竭尽全力过好自己的人生，也在想方设法讲好自己的故事。

人人都需要故事表达力，因为故事表达力是沟通能力之一。然而，故事表达力并非与生俱来，而是要后天不断学习和练习才能获得的。要想形成故事表达力，先要形成故事思维。所谓故事思维，从本质上来说，是一种人生态度，也是一种思考问题的方式。当形成了故事思维，我们就像是戴着有色眼镜看原本晦暗的生活，马上就会看到不同的色彩，也看到不同的世界。

面对失败，拥有故事思维的人更加乐观坚强，他们坚信自己不会永远失败，也坚信自己只要不懈努力就一定能够获得成功。在他们的心中，人生是一本厚厚的书，某一页的内容写得令读者兴致索然没关系，还有那么多页可以填充更加充实精彩的内容。面对人生中突如其来的打击，他们只会一时伤心失意，马上就能调整好心态，以积极的态度继续投入人生。很多人都羡慕成功者的光鲜亮丽、荣耀加身，却不知道自己与成功者最大的差距在哪里。实际上，成功者之所以成功，就是因为有决心有毅力，坚韧不拔；失败者之所以失败，就是因为灰心丧气，轻易放弃，随意言败。每个人都在书写属于自己的人生篇章，一个优秀的作家写出的作品尽管会呈现苦难，却从不屈服于苦难。就像海明威在《老人与海》中所说，一个人可以被打倒，却不能被打败。我们不仅是自己人生的书写者，也是自己人生的讲述者。在书写了自己的人生之后，我们还要绘声绘色地讲出来。即使讲到了最低落消沉的人生时刻，我们也要以昂扬的声音，满怀希望地朗诵生命之歌。

很多伟大的人都有着坚韧不拔的毅力，都始终坚持付出所有的心力谱写和讲述自己的人生。爱迪生为了找到合适的材料用作灯丝，尝试了一千多种材料，进行了七千多次实验。很多时候，并非命运故意捉弄我们，也并非人生对我们太残酷，而只是我们没有坚持到胜利的曙光到来的那一刻。黎明前的黑暗往往是最难熬的，越是如此，我们越是要坚持到底，不惧黑暗，也不畏未知。正如一句网络语所说，如果你的努力还没有收获，只能说明你努力的程度还不够。越努力，越幸运，只有真正坚持努力的人才能领悟这句话的深刻含义。

一个人要想获得成功，就切勿把自己认定为失败者。每个人的心里都住着一个英雄，这个英雄就是我们自己。要想让英雄的梦想成真，就要不懈追求，越挫越勇。尤其是在坎坷的境遇中，我们更是要坚持自我救赎，坚持突破和超越自我的极限，才能成就全新的自我，也成就强大的自我。从现在开始，不要再抱怨自己的人生充满坎坷挫折，不妨设想一下，如果人生真的百年如一日的美好、安稳，没有任何变化，活着还有什么乐趣可言呢？正如我们不喜欢看平铺直叙的故事，命运也不喜欢看千篇一律的人生。就让我们谱写情节跌宕起伏，内容精彩诱人的人生故事吧，我们不该活成一本令人乏味的字典，而该活成一本人人手不释卷的畅销书，最好是一本现象级畅销书。

明白了这个道理，我们就会知道所有的好故事都是有冲突的，所有的精彩人生都是要经受过失败洗礼的。每个人必须怀揣梦想，也排除万难努力实现梦想，才能成为自己心目中的真英雄。在给别人讲故事之前，我们要先给自己讲故事。梦想终将照进现实，精彩的故事也终将照亮我们的人生。在此过程中，我们还要致力于讲好属于自己的人生故事，让自己也成为故事里的大英雄，成为他人崇拜的大英雄。

在心理学的角度，自己给自己讲故事必须做到一点，即坚持进行积极的自我暗示，坚决制止消极的自我暗示。一个人如果每天都对自己说"我能行"，他的信心就会越来越强；反之，一个人如果每天都告诉自己"我不行"，他的信心就会越来越弱。对所有人而言，唯有自己能够成就自己，唯有自己能够摧毁自己。当你相信自己能够找到好工作，你就能够找到好工作，也会在工作中有突出的表现；当你相信自己是值得被爱的，你就会爱自己，也能够找到真爱自己的人；当你相信自己能够创造奇迹，你就会做出令自己都感到震惊的事情，也会越来越接近奇迹。

讲故事给自己听，以故事改变自己，我们要坚持进行内心的对话，采取正确的方式面对自己内心的冲突。每个人都要尝试着换一种方式谱写自己的人生，讲述属于自己的人生故事。随着故事的不断发展，我们的人生也会发生相应的改变。

第二章
好故事必须具备的"基本素质"

好故事能够在最短的时间内牢牢吸引听众的注意力,以循循善诱的方式讲述精彩的情节和内容,让听众在不知不觉间产生共鸣。讲故事是很容易的,难的是讲好故事。这一章,我们探索一下好故事必须具备的基本要素是什么,毕竟只有拥有好故事,我们才有可能讲好故事。

好故事人人都能听得懂

好故事要清晰。模糊的故事既不能准确表达自己的主题和观点,也不能准确无误地把内容传达给听众,最终让听众听完故事如坠云雾里,压根不知道讲故事的人想要表达什么。古时候,有位伟大的诗人每次写出新的诗作,都会把诗作读给自己不识字的妻子听。他想:如果妻子能听懂我的诗作,普通的老百姓就能听懂我的诗作。基于这样的创作理念,他的诗作脍炙人口,为老百姓传颂。作诗如此,讲故事更应该如此。

讲故事是一种沟通的方式,虽然不像与人对话那样有问有答,但也要表达自己的观点,传达自己的感情,达到自己的目的。作为素材的故事要有准确的目标、严密的逻辑和精准的表达,才能把故事讲到位。所有故事都有三个层次:第一个层次是表现形式;第二个层次是表现内容;第三个层次是故事内核,也就是表达的价值观。第一个层次和第二个层次都是为推动故事的情节发展服务的,意义在于表现故事的内核,即价值观。唯有具备三个层次,才能称为好故事,当然也要有准确的

第二章 好故事必须具备的"基本素质"

目标、严密的逻辑和精准的表达,才能实现设定的目的。在具备这些因素的前提下,好故事还必须人人都能听得懂。否则,讲故事如同说天书,还有谁愿意听呢?一旦失去了听众,或者使听众一头雾水,讲故事也就失去了作用和意义。

要想成就人人都能听懂的好故事,我们要做到以下几点。

第一点,明确目标。作为迪士尼的首席创意官,约翰·拉萨特非常看重故事的核心。他曾经说过,在构思故事时,我们可以大幅度调整情节,也可以随时改变故事的背景和角色,只要故事的核心不变,就能始终为其他因素奠定坚实的基础。遗憾的是,很多讲故事的人都不明白这个道理,还没有明确目的就贸然开始讲故事,结果啰里啰嗦,不知所云。明确的目的如同定海神针,让故事万变不离其宗,总能紧紧围绕核心。

要想明确目的,就如同写作文先梳理大纲,先为故事梳理出一条主线,这样就可以围绕主线铺开叙述,一旦发现叙述的内容偏离主线,就能马上回到主线,继续围绕主题讲述。否则,哪怕故事的篇幅很长,内容庞杂,也会如同一盘散沙般没有内核。好的故事,哪怕非常短,也有明确的目的,也有显而易见的主线,这有助于帮助听众理解故事,也有助于帮助我们清晰讲述。

第二点,逻辑严密。很多人误以为说得越多,表达的效果越好，这是完全错误的。如果讲述的内容过于庞杂，又没有主线贯穿，就容易出现逻辑混乱、漏洞百出的情况。此外，过长篇幅的叙述也会导致重点无法突出，不能表达主旨，反而事与愿违。

在很多企业中，职员在向上级领导汇报工作时最经常犯的错误之一，就是啰唆。有些员工习惯事无巨细地阐述，生怕遗漏了自己的任何功劳，结果反而因为没有做到言简意赅而给上级领导留下了糟糕的印象。在汇报工作时，对那些不需要询问也知道你已经付出了的努力，无须赘述；对那些并非惊心动魄且没有汇报价值的过程，只需要一句带过。大多数领导者都更关注结果，在某种意义上，能让领导者感到满意的结果，就已经说明了负责该项工作的员工是具备相应能力的。因为表达啰唆，没有重点，还会给领导者留下缺乏逻辑的糟糕印象，很难被委以重任，这显然得不偿失。

不管我们想要用怎样的方式影响他人作出决策，都切勿把所有的信息不加选择地丢给听众。要知道，我们作为讲述者对事情的发生和发展心知肚明，但听众并不像我们一样亲历整件事，对事情的发生和发展是毫不知情的，这也就使讲述者和听众对同一件事情存在巨大的认知差异。遇到这样的情况，要先详细地介绍事情的经过，消除听众的认知差异，才能让听众产生共鸣。

那么，如何保证故事逻辑严密呢？最重要的原则就是只表达一个观点。很多讲故事的人特别贪心，总是想通过一个故事表达几个观点，传递出更多的信息，这么做只会事与愿违。人很难三心二意地做好每一件事情，唯有专注地投入一件事情之中，才能达到最佳的效果。与其同时做几件事情却一事无成，不如全力以赴做好一件事情，取得想要的结果。这要求我们学会舍弃，只保留最重要、最鲜明的观点。在讲述的过程中，一切情节、内容和人物都围绕这个观点，逻辑就会更加严密和简单。

第三点，精准表达。沟通，是语言表达的目的。所谓沟通，就是说话的人向外输出信息，听众准确接收信息。为了浅显易懂、直白明了，我们应该使用更平实的语言，而不要说很多专业名词以显示自己的专业度，更不要说一些官场上的套话对听众敷衍了事。如果听众听不明白整个故事的内容，即使你把故事讲得很精彩，讲故事的行为也是失败的。

可见，关键在于要言简意赅地表达。需要注意的是，言简意赅并不容易，和复杂化相比，简单化往往是更难的。只有那些思路清晰的人才能把原本复杂拖沓的故事以精炼的语言表述，如果一个人原本就思路混乱，那只会把故事讲得更加混乱。

此外，言简意赅的表达并不是枯燥乏味的，而是可以采用一些修辞手法使叙述更加生动，便于理解。例如，采取拟人、比喻、类比等修辞手法，就能让原本艰涩难懂的概念变得清晰易懂，让原本不好理解的问题变得容易理解。

总而言之，我们必须首先明确自己想要传递怎样的信息给听众，才能梳理出故事的主线，也才能围绕主线，以严密的逻辑推进故事发展。为了让故事有血有肉，也有趣味性，还可以使用各种修辞手法，让叙述更加生动。当然，无论如何，整个故事都要服务于主题，主题才是故事的灵魂。

激发听众的好奇心才算成功

人,都是有好奇心的,好的故事能够激发听众的好奇心,使听众忍不住追问"为什么""后来呢""到底怎么样了"。因此,我们可以用一个成语形容好故事,即扣人心弦。如果不能得到想要的回答,听众就会一直追问,这就是好故事的成功之处。

比起听一个好故事的好奇心,听工作汇报时,人的好奇心则从波峰跌入波谷。工作的表格里有各种各样的数据,看起来酷炫的PPT中的内容都是老生常谈,甚至只需要一句话就能概括的工作业绩,也会被下属无限拉长,制作成看上去很丰富的汇报内容。实际上,这么做不但无法激发听众的好奇心,反而会使听众感到乏味。

很多读者朋友都喜欢看好莱坞拍摄的电影,是因为在看的过程中会被影片内容牢牢吸引住,对时间的流逝无知无觉。中国的战争影片《水门桥》长达三小时,但在整个观影的过程中,观众丝毫不觉得乏味或者煎熬,这是因为影片的情节环环相扣，层层推进，精心制作的画面震撼至极，让观众不想挪开眼睛。这样的经典影片是可以载入史册的，在短时间内，也很难被超越。如果说影视作品吸引的是观众的眼球，讲故事吸引的就是观众的耳朵。面对好的影视作品和好的故事，不管是观众还是听众都不会分心，而是迫不及待想要看下去、听下去，想要明确地知道接下来发生了什么。

在这种全身心投入的时刻，观众和听众尽管急切地想要知道结果，却不愿意通过他人的多嘴多舌知道接下来的情节。这是因为他们想要带着好奇心，想要亲自探寻。不得不说，如今很多人都缺乏注意力，也不愿意长时间地关注某个人或者某些事情。正因如此，那些流量明星在娱乐圈里才会如同昙花一现，网络上也才会每天都涌现出很多热点新闻。面对大众注意力匮乏的现状，吸引他们的好奇心显然是很难的。

在职场中，领导者的注意力持续时间是很短的，因为他们身居要职，不像普通员工一样只需要为自己的份内工作操心，而要考虑诸多下属的工作进度情况，也要考虑到整个团队的发展问题。正因如此，他们很容易被一些事情干扰而分心，前一刻还在思考某个问题，后一刻就要去做员工的思想工作；前一刻还在发愁如何开展某项工作，后一刻就要去为另一项工作查漏补缺。面对忙碌的领导，下属要想吸引领导的关注，激发领导的好奇心，就只能在短短的几秒或几分钟的时间里，以生动的故事打动领导。否则，领导也许会一边听你汇报工作，一边正在心里默默地琢磨其他事情呢。

人的大脑容量是有限的，一旦装满了，就无法容纳更多的信息。讲故事，就是把我们要表达的信息注入听众的大脑，这当然是有难度的。大多数人在缺乏外界刺激的情况下，就会循着惯性打开舒适模式。例如，科学家经过研究发现，人在看电视状态下的脑电波与在睡眠状态下的脑电波相似，这意味着看电视是不需要动脑的。反之，如果有外界的刺激，人的大脑就会处于活跃的状态。这合理解释了有些人在日常状态下看似昏昏欲睡，而一旦遇到紧急情况就如同变了一个人似的，表现得精明果敢，以一当十。为了刺激听众的大脑，我们应该设计更为曲折的故事情节，让故事牢牢吸引听众的关注，激发听众的好奇心，点燃听众的热情和激情。真正做到这一点，听众就不会随便离开座位，而是会瞪大眼睛看着你的嘴巴，竖起两只耳朵，生怕错过你的每一句话。

乔治·勒文施泰因是美国大名鼎鼎的经历心理学家，他认为认知差距是好奇心的起源。每个人唯有意识到自己的认知差距，迫不及待地想要获得更多的信息，才会感到好奇。反之，一个人如果对自己已经知道的事情心满意足，压根不想获悉更多的信息,就会被动地等待他人向自己灌输信息,而不会主动地、急不可耐地想要得到更多信息。

那么,如何才能激发起听众的好奇心呢?就是以离奇的故事情节,让听众心中产生十万个为什么,也让听众忍不住追问后来如何了。很多人讲的故事让人险些睡着,就是因为他们平铺直叙,或者过于心急地把答案告诉听众,这就使听众没有机会积累好奇心,更不会在好奇心的驱使下多加追问。

需要注意的是,还有一种情况也会使听众对我们的故事不感兴趣,即我们讲述的故事超出了听众的认知范围,使听众不会受到任何触动,也不会进行任何思考,始终处于毫无头绪的状态。在这样的情况下,听众自然缺乏动力,也就不会感到好奇。

为了成功地激发起听众的好奇心,我们在最初讲故事时就要有意识地铺垫背景信息。这些背景信息介绍了故事发生的各种因素,也让观众对故事产生更大的好奇。此外,还要学会设置悬念。所谓悬念,就是疑问。通过预先设置悬念的方式,可以始终让听众带着问题听故事,当讲故事的人给出答案时,他们就会恍然大悟,会为故事的巧妙构思而惊叹。在这个意义上,我们很有必要让听众获得足够多的信心,才能激发听众思考,也才能弥补听众的认知不足,最终使听众对我们的故事感兴趣。

要想激发听众的好奇心，除了要保持适度的"认知差距"外，还要设置各种矛盾和冲突。这些矛盾和冲突不应该是由不值一提的小事引起的，而应该是价值观层面，才会对听众关心的价值观形成巨大的挑战。由此一来，听众必然会全心投入地听故事，也会在内心的激烈冲突中试图进行更有深度的思考，也试图寻找到解决冲突的方法。

我们需要牢记，每个人有自己关心的事情，当自己关心的事情变得不那么容易理解时，他们就会特别好奇。这种好奇可以是惊叹，也可以是感悟。例如，听说了某件让自己感动的事情，人们会惊讶地赞叹；听说了某件感到难以理解和接受的事情，人们会悲伤地哀叹。是认知和价值观的差距，才会让人们产生巨大的心理落差，才会让人们感到难以置信，迫不及待地追问结果。

背景衬托冲突，冲突表现立意

讲故事要先介绍背景，作为铺垫吸引听众，激发听众的好奇心。那么，在一个完整的故事中，背景应该占多少比例呢？如果占据的比例太高，就会喧宾夺主；如果占据的比例太低，就无法起到铺垫和衬托的作用。只有比例适宜的背景才能对冲突起到衬托作用，才能表现鲜明的立意。

具体来说，背景包括时间、地点、人物，以及其他与冲突有关的内容。很多朋友在开始看一部电影的时候都会觉得没耐心，因为前面大概二十分钟都在介绍背景，没有那么强的情节性和连贯性，观众会有一头雾水的感觉。在一部大概2小时的电影中，介绍背景的开场通常有20分钟，占据大概六分之一的时长。故事的背景是否也可以保持这样的比例呢？事实证明，背景啰里啰嗦迟迟没有进入主题，听众会走神，甚至放弃继续听故事；过于短暂的背景无法详细介绍相关信息，影响后续听故事的体验。为了研究究竟多长的背景是最适宜的，好莱坞剧作家克里斯托弗·沃格勒专门进行了研究。在观看了一百多部影片后，他认为每部电影应该以15%的时间介绍背景。

拍电影、讲故事要限定开场的时间，日常生活中还有很多情形也需要限定开场时间。例如，我们向领导汇报工作，如果整个时间长度为15分钟，就要把背景介绍限定为两分钟左右。在面试时，如果每个人只有两分钟时间向面试官介绍自己，那背景介绍不能超过20秒。如果我们花费太长时间介绍背景，就很有可能消耗掉听众的耐心，这样一来，等到开始讲述主要内容时，听众就没有耐心继续听了。

和整个故事的时长相比，背景还是很短的。在这么短的时间里，为了避免观众丈二和尚摸不着头脑，我们应该铺垫哪些信息呢？毫无疑问，要铺垫事件的三要素，即时间、地点和人物。

首先，时间。时间有宏观时间，也有微观时间。宏观时间指的是宏大的历史背景和社会背景。对于涉及历史的故事，一定要讲述清楚历史背景，因为一切的历史事件都要放在特定的历史背景中。对于当代的故事，则要介绍社会背景，社会是所有人生活的大舞台，也是事件发生的大舞台，必须明确社会背景，才能理解事情发生的缘由和经过。例如，二十多年前，手机还没有那么普及，更没有微信等沟通工具，如果不标注故事发生在二十多年前，故事中的人物无法联系时，听众就会质问为何不用手机保持联系。可见，只有介绍清楚时间，才能理解故事的情节安排和设计。

其次，地点。所谓地点，既指的是事情发生的地理位置，如山东、安徽、河南等，也指的是事情发生的场景，如是在酒吧里，还是在家里，或者是在郊外等地方。只有交代清楚地点，我们才会能理解事态的发展。

最后，人物，以及人物之间的关系。一个完整的故事中不但有人物，也有人物关系。例如，你今天特别生气。这是事实，也是结果，到底是谁惹你生气的呢？你是生丈夫的气，还是生孩子的气，抑或是生父母的气，处理的方式不同，也会导致故事的发展变得不同。唯有确定故事的人物，以及人物之间的关系，才能确定故事的框架。

介绍清楚了背景，接下来就是与冲突相关的内容和信息。每一个故事都是有冲突的，冲突的存在更有利于突显立意。在设立冲突的时候，要用前文交代的背景作为铺垫，也可以在讲述的过程中设置悬念，这样在解决冲突时才会更加有张力，也会给人带来强烈的反响。在这个意义上，介绍背景直接决定了听众如何理解和感受冲突，又能否从激烈的冲突中有所领悟。总之，背景能够衬托冲突，冲突能够凸显立意，背景、冲突与立意之间联系密切，彼此影响和作用。

在冲突的过程中，故事中的角色都会产生情绪。当然，不同角色的情绪是不同的。例如，愤怒、绝望、沮丧、伤心、忧伤、恐惧等负面情绪，以及喜悦、兴奋、满足、欣慰等正面情绪。正是冲突点燃了这些情绪，使这些情绪如火如荼地燃烧，也推动故事朝着高潮发展和迈进。

冲突的形成有两方面原因，一方面是外部原因，另一方面是内部原因。外部原因，通常是他人或者环境；内部原因，通常是自身因素，是自己与自己斗争，使自己陷入了困境，无法摆脱。外部原因往往是客观存在的，内部原因往往是主观的。在很多情况下，外部原因也会导致内部原因，最终引起冲突。例如，一个人因为没钱的客观原因，导致缺乏自信，过度敏感和自卑的内部原因，使内心陷入苦苦挣扎之中，形成了冲突，所以我们不能把外部问题和内部问题割裂看待，而是要整合这两种类型的问题，形成全局观，才能让冲突更加尖锐，也发挥更强大的力量，使立意更加鲜明地凸显。

引起共鸣的故事动人心

《孟子·梁惠王下》记载：独乐乐不如众乐乐。这句话告诉我们，一个人欣赏音乐感到快乐，不如大家一起欣赏音乐更快乐。的确，分享是美好的行为，能够让痛苦减半，能够让快乐加倍。从这个角度看，真正的好故事，应该是能够引起听众共鸣的故事，这样才能让听众沉浸在故事之中，与故事中的人物同频共振，真正地动心动情。

那么，如何才能让故事引起听众的共鸣呢？就是要诉说与听众的经历相似的故事，激发起听众内心深处与我们相似的感情。如果讲述的故事远离普通人的人生，也就无法引起听众共鸣。

作为某大型企业的CEO，每到毕业季，张总的一项重要工作就是去高校宣讲，为企业招纳贤才。每次宣讲，张总都会滔滔不绝地讲述自己的求学经历和人生经历，骄傲地说起自己当年以全省高考文科状元的身份进入北京大学读书，后来又被派到国外交流学习。在学成之后，他没有选择留在国外，而是回到国内，从一个小职员做起，一路平步青云扶摇直上，先是成为中层管理者，继而成为高层管理者。

张总讲得慷慨激昂，非常激动，可台下的应届毕业生们却反响平平，甚至连掌声都很吝啬。可想而知，张总每次都乘兴而去，败兴而归，收获寥寥。他不明白，为何其他企业里的草根领导者，在学识和管理能力方面远远不如他，反而能够招到很多优秀的人才。

后来，张总特意向一位草根领导者取经。那位草根领导者笑着说："张总，像你这样的青年才俊是人中龙凤，有几个人能够复制你的成功呢？我们就不同了，我们求学的经历很苦，论学识还不如台下的大学生，所以我们讲述的拼搏史能够激励大学生们，他们看着我们，一定会想'就连这样没上过大学的人都能成为管理者，我当然会有更好的前途'。当他们这么想了，就会愿意加入我们的企业，成为企业中新鲜的血液。"

张总恍然大悟，这才意识到自己每次的宣讲都是高处不胜寒，而台下的大学生们只是把他的经历当成一个距离自己非常遥远的故事，根本不可能产生共鸣。张总当即改变了讲故事的方式，说起自己在求学和职场拼搏过程中的艰辛，也分享了自己的很多糗事。果然，台下的大学生们被他逗得哈哈大笑，也对他产生了亲近感。在演讲即将结束时，张总真诚地邀请优秀的大学生们加入他的团队，并承诺会和大家同甘共苦，同进共退。当即，就有很多大学生投递了简历，还有些主动要求留下张总的联系方式呢！

　　大多数人都活在自己的世界里，沉浸在属于自己的故事中。要想用自己的故事打动他人，就要先从自己的故事中出来，站在客观的角度反思自己的人生，也在自己的故事和他人的故事之间找到共同点，才能引起他人的共鸣。退一步而言，我们的故事至少应该与他人的故事有交集，吸引他人，也让他人感同身受。在讲故事的过程中，如果他人忍不住产生"对，我也是这么想的""原来，我们的感受是相同的""如果我是他，我又该怎么办呢"的念头，故事就成功了一大半。相比之下，那些无法吸引他人，更无法引起他人共鸣的故事，纯粹是自娱自乐，无法起到沟通和交流的作用。

　　一般情况下，作为普通人的听众很愿意全身心地代入自己喜欢的角色，也很愿意同情主人公的悲惨遭遇，甚至还会因为同情而理解和包容故事的主人公。正因如此，那些经典影视剧中的经典角色才能在几代人的心中变得鲜活，获得永生。

　　具体来说，要想引起听众的共鸣，我们首先要放弃完美的自己。俗话说，金无足赤，人无完人，我们真的完美吗？当然不是，我们只是在内心中把自己想象得完美而已。当我们甘愿放弃自己完美的形象，以讲故事的方式回顾自己不堪回首的成长经历，也揭开自己血淋淋的伤口，曝光自己的脆弱，就会无限贴近听众，以平凡人的身份走入听众的内心，让听众被吸引，也真的动情。

还需要注意的是，不要把故事讲得太深奥，只有接地气的故事才能引起大多人的共鸣。很多有了孩子的女性哪怕第一次见面也会非常熟悉，只因为她们有一个共同的话题，那就是孩子。毋庸置疑，孩子是所有妈妈都热衷的话题。可见，找准话题也是激发听众共鸣的"撒手锏"。如果你有可爱顽皮的孩子，有唠叨的父母，有不近人情的上司，有不让人省心的下属，有减肥的烦恼，有钱不够花的苦恼……就有引起听众共鸣的资本。

故事表达力

开头和结局同样重要

还记得小时候写作文吗？其实，写作文的本质就是讲故事，只不过讲故事是以口头语言表达，而写作文是以书面文字表达。众所周知，要想写出一篇好作文，就必须有好的开头。好的开头，能够成功吸引人的注意力，也能够为下文做好铺垫，埋好伏笔。有了好的开头，就相当于成功了一半。结局也很重要。好的结局能够对正文起到概括和总结的作用，也能与开头遥相呼应，起到画龙点睛的作用。一个故事有了好的开头和结局，正文就不会偏离中心，始终围绕中心展开。

在日常生活中，很多人都曾经收到礼物。如果礼物有精美的包装盒，我们就会第一时间被吸引，也带着期望，迫不及待想要打开包装盒看一看。如果礼物的包装很简陋，甚至没有包装，收到礼物的人就会对礼物少了几分好奇。好的开头和结局，就是故事的包装盒，使故事身价倍增；没有好的开头和结局，故事就像是没有包装的礼物。

看到这里，相信朋友们都认识到好的开头和结局很重要，那么，好的开头和结局应该符合怎样的要求和标准呢？既然是讲故事，就是为了达到一定的目的。可以设想自己正在面对着某个听众或者一群听众，继而思考自己如何说好第一句，才能起到语惊四座的作用。

要想激发听众的兴趣，让听众对接下来的故事满怀期待，就要激发听众的好奇心，也要让听众产生共鸣。如果大多数故事都是以"从前"作为开头，只会使人感到兴致索然。正如写作文有不同的开头，讲故事也要有不同的开头，为了摆脱惯用的开头，可以采取倒叙、设置悬念、增强代入感等方式，使听众产生新鲜感，也激发听众的好奇心。此外，还可以以积累的冲突作为开头，就会让听众很纳闷事情的起因、经过到底是怎样的，因而也就认真地了解故事的相关背景。在电影领域中，很多好电影会采取直接呈现冲突的方式，开始就是非常火爆的打斗或者悬疑场面，在十几分钟的开场之后，才会开始介绍故事的背景，如此就能成功地吸引观众的注意力，在第一时间就把观众带入影片的情境中，使观众身临其境。

当然，怎样的开头才是好的开头是没有一定之规的。故事究竟采取怎样的开头，要根据故事的内容、具体的听众、讲故事人的风格来确定。不管是在开头抛出结局，还是在开头把人带入情境，抑或是在开头设置悬念，都比平铺直叙的开头更能够引人好奇。但是，这并不妨碍平铺直叙的开头会给人一种娓娓道来、岁月静好的感觉。还有些讲故事的人会在开头抒发强烈的情绪，或者特意强调一些关键词，也能成功地吸引听众。总之，好的开头必须迎合听众的猎奇心理，毕竟大多数人对不为人知的秘密都是满怀好奇的。好的开头起到的作用是，与听众之间产生共鸣，建立沟通的渠道，从而才能把故事源源不断地输送到听众的内心。

在有了好的开头之后，就要设计完美的结局。二三十年前，大多数影视剧都以圆满的结局为主调，仿佛这样才能给观众一个交代。随着社会的发展和文明的进步，观众开始意识到凡事不可能尽善尽美，从而对那些留有遗憾的结局更加念念不忘。如今，很多影视剧的结局都是多元化的，或者是带着遗憾结局，或者是在结局时设置悬念，为下一部作品做好铺垫。尤其是那些系列影视剧，在拍摄第一部时就已经开始构思和着手准备第二部的拍摄工作，因而会设置悬念吸引观众关注。例如，好莱坞系列电影《速度与激情》，就接连拍摄了很多部，吸引了很多忠诚的观众。有些观众从第一部开始观看，从未漏掉任何一部，是忠实的粉丝和支持者。

很多精彩的故事也会采取连载的方式，让听众欲罢不能。例如，我们听孙敬修爷爷讲故事，不但故事内容引人入胜，每到一个故事单元结束的时候，还会令人好奇，想要继续听故事，这就是讲故事的独特魅力。总体来说，好的结局要起到两个作用：一是能够对故事的整体内容起到总结概括、升华思想的作用，就像是把打开的盒子关上；二是如果还有下文，要能够起到承上启下的衔接作用，这样在听后面的故事时才不至于突兀。

讲故事就像是在放风筝，有的时候需要把线放得长长的，有的时候需要把线收回来一些。在讲故事的过程中放线，在结局的时候就要把线收回来，否则风筝就会因为飞得太远而无影无踪。在这个角度上，不管是销售人员与客户沟通，还是下属向上司汇报工作，都要学会在交谈结束时落实一些具体的事情，才能让本次沟通起到良好的作用和效果。

开头和结局都是好故事必不可少的组成部分，要想把故事讲好，就要再开头和结局多用心思，多下功夫。

故事要有明线、暗线和辅线

所有故事都有目标，目标可以分为两类，一类是感性目标，另一类是理性目标。在讲故事的过程中，我们必须设置明线、暗线和辅线，才能兼顾实现感性目标和理性目标。所谓明线，就是在讲故事的过程中显而易见的叙述线，即故事中的人物做了什么事情，获得了怎样的结果。这条叙述线是很明显的，听众只需要抓住这条叙述线，就能理解故事发展的脉络。暗线是和明线相对的，指的是人物的心理和意识变化，也指人物与人物之间非常微妙的关系。在故事中，这些变化和关系如同暗流涌动，以各种形式呈现，充分体现出各种角色情感的变化。正因如此，人们也把暗线叫作情感线。

在有了明线和暗线之后，故事要想生动地表达，使情节顺畅地发展，还需要设置辅线。所谓辅线，就是表达线。通常情况下，明线是情节线，暗线是情感线，而辅线则是表达线。因为具备这个特性，所以辅助线往往是以语言表达出的。不管是口头语言还是书面语言，也不管是面部神情还是肢体动作，都能成为表达线。有了表达线,故事才会更加细腻,人物角色的内心变化也才能得以更加细腻地刻画和显现。

好的故事必须具有代入感,而情感上的转变恰恰是代入感的来源。如果没有情节线,故事无法引人入胜;如果没有情感线,故事就无法营造氛围感。人的天性就是充满好奇,总是想要知道事物发展和变化的过程,也总想洞察事物的奥秘。很多人都喜欢观看影视剧,正是因为影视剧生动曲折的情节会带人们进入各种情境,也随着故事角色内心的变化而产生丰富的感受。正因如此,人们在观看影视剧时才会身临其境,也才能与人物角色产生共鸣。

具体而言,故事的明线、暗线和辅线,是如何帮助故事实现感性目标和理性目标的呢?一般情况下,叙述线能够辅助实现理性目标,而情感线则能够辅助实现感性目标。在此过程中,情节线起到强力推动作用,不但推动故事情节朝前发展,也令听众与故事中的人物同欢喜共悲伤。

作为一家大型公司的售前工程师,已经不惑之年的老张可谓业绩突出,经验丰富。这个月,他再次成为业绩标杆,得到上台分享成功销售和服务客户的经验的机会。与其说是分享,不如说是汇报,因为在老张上台演讲时,公司的领导都在台下考察他呢。原来，公司因为人员调动，目前急需升任一位部门主管。老张当然知道这个消息，所以他知道这次和以往上台演讲敷衍了事地简单说几句截然不同，于是精心地准备了演讲事例，还提前写好了演讲稿呢！

在演讲过程中，老张讲述了自己给一个大客户做产品的过程。这个大客户的要求非常高，特别关注细节。老张知道客户有雄厚的经济实力，也了解客户很挑剔，因而反复与研发和设计部门沟通，在数次修改设计方案后，终于制造出完全能够满足客户需求的产品。正是因为让客户百分之百满意，客户后来才会成为老张的忠诚客户，与老张建立了长期合作的关系。

听完老张的演讲，同事们和领导们都知道了老张为满足客户需求而做出的努力，但没有很热情的反响，这让老张感到很纳闷。原本，他以为自己这么用心地演讲，一定能够得到同事和领导的赏识，没想到反应如此平平，因而有些失落，也有些担心。他知道，领导升职员工的标准不仅要看业绩，还要求在同事中有好口碑。老张失落极了，对自己能否顺利获得部门经理的职务心怀忐忑。后来，在晋升结果出来之前，老张特意找到一位私底下与自己关系很好的中层领导打探消息，请对方给他的演讲提出宝贵意见。那位中层领导说："你的分享非常到位，故事脉络清晰，情节完整，唯独缺少了一点儿打动人的意味。我认为，是因为没有感情线，你要是能说说自己内心的一波三折就好了，一定能激发起同事的共鸣，也一定能得到领导的认可。"老张恍然大悟。虽然最后他如愿以偿得到了晋升，但是他始终牢记自己讲故事的欠缺，会在很多当众发言的过程中有意识地灌注情感因素。

好故事必须具备情感线，才能引起听众的共鸣，否则就无法打动人。人是情感动物，每个人都有情感充沛的内心，如何在讲故事的过程中把情感注入其中，这是至关重要的。只有情节线的故事只有骨骼，而没有血肉，必须设置情感线，故事才会有血有肉。在这种情况下，辅助线的加入又会让故事更加生动，因而故事能够圆满地实现感性目标和理性目标。

在辅助线中，人物的情绪会得到更加饱满的表达。例如，对话就能够起到辅助线的作用，刻画人物的性格，也交代很多通过情节无法了解的细节。作为讲故事的人，除了要使用语言描述情绪之外，还要调动面部表情、肢体动作等，更要辅之以语调等精准地表达情绪。唯有作为表达线的辅线起到该有的作用，故事才能吸引人，让人情不自禁地沉浸在故事的情节和氛围中。

总之，好故事必须具备明线、暗线和辅线这三条线。明线辅助实现故事的理性目标，让听众更加完整地了解整个故事；暗线辅助实现故事的感性目标，让听众与故事角色产生共鸣，也满足自身的情感诉求；辅线以语言表达、面部神情、肢体动作等方式表达更细腻的情绪，也能辅助实现感性目标。故事要想感人，就必须具备情感线，也必须充分表达情绪，让听众产生代入感。

第二章
好故事必须具备的"基本素质"

故事要情绪饱满

每个人都有丰富的内心世界,哪怕是一个沉默寡言的人,内心世界也会始终处于各种微妙的变化之中。内心世界的外在表现,就是每个人的情绪,正因如此,人才是情绪化的。不管是讲故事的人还是听故事的人,都是情绪化的,这就注定了打动人心的故事必须情绪饱满,缺乏情绪的故事是不可能触动人心的。很多故事虽然具备了各种要素,情节发展也非常明晰和完整,却没有感染力,不能引起听众的共鸣,就是缺少情绪惹的祸。在故事中,情绪是至关重要的元素,也是不可缺少的元素。

前文说过,情感线对于故事是很重要的,不但能够刻画细节,而且能够描绘情绪,渲染情绪氛围。当故事中的角色哈哈大笑,笑出了眼泪,听故事的人也会忍不住嘴角上扬;当故事里的角色万念俱灰,产生了极端的念头,听故事的人也会忍不住揪心,恨不得当即闯入故事中,帮助故事里的人解围,或者化身为从天而降的大侠,改变故事的走向和结局。总之,沉浸式听故事，会让听众与故事中的角色同哭同笑，同欢同悲。

受到传统观念的影响，很多人习惯压抑情绪，而不愿意表现情绪。有一位心理学家曾经研究过中文，发现和英文中用于表达不同感受的词语数不胜数相比，中文中用来表达不同感受的词语很少。相反，中文有很多词语是关于克制和隐忍的，就是要教会人压抑情绪，伪装情绪。

其实，情绪是有颗粒度的。情绪的颗粒度越是精细，人的内心就越是敏感细腻，就能捕捉到很多微妙的情绪。反之，情绪的颗粒度越是粗犷，人的内心就越是粗糙，对那些细微的情绪变化，也就会在不知不觉间被忽略了。现实生活中，很多人因为各种问题而导致情绪压抑，长期压抑情绪又会催生严重的心理问题。为了避免这种情况发生，我们应该学会表达情绪，也学会疏导和宣泄情绪。对情绪，最忌讳的就是堵塞。正如大禹治水，宜疏不宜堵，情绪也宜疏不宜堵。唯有疏通情绪，才能让情绪变得更加平和。否则，长期压抑各种情绪，就会导致情绪决堤和崩溃。

每个普通人都有喜怒哀乐，应该把这样有温度的情绪融入故事之中，让故事也变得有温度。没有情绪的故事会给人留下冷冰冰的感觉，也会让人对故事索然无味。在描述情绪时，还要注意不同的表达方式会起到不同的效果，也会产生不同的结论。研究证明，清晰地描述和准确地表达情绪，有助于沟通。当听众能感受和理解我们的情绪，就会认同和接纳我们，有助于改善负面情绪。在听故事的过程中，如果听众能够说"和我想的一样""我理解这种感受""这种感觉太熟悉了"，讲故事就获得了成功。

需要注意的是，在听到他人描述情绪时，我们未必需要当即给出解决的方法。其实，安抚情绪的最好方式就是接纳情绪，认可情绪的存在。不管是谁，一旦自身的情绪被否定，就会感到很恼火。作为讲故事的人，我们要积极地表达情绪，也用情绪的描写增强自身的故事力；而作为听故事的人，则要学会接纳他人的情绪，包容他人的情绪，这样就能很好地起到安抚的作用和效果。

我们不仅很难了解他人的情绪，也很难了解自己的情绪。很多情况下，人们总会忽略自己的感受，不知道自己的情绪究竟是怎样的。唯有用心地品味和细致地解读自己的感受，我们才能揭开自身情绪的神秘面纱，明确自己的经历和情绪。在描述情绪的过程中，还要学会选择合适的词语。中国的文字博大精深，很多仅仅只有一字之差的词语会起到完全不同的表达效果，所以领悟这些词语的精妙含义是关键。

要想准确表达情绪，还要提高对情绪颗粒度的认知。一般情况下，情商高的人的故事力更强，这是因为他们的情绪识别和情绪驾驭能力都处于更高的水平。一个人如果始终无法感知自己的情绪，就要有意识地进行相关联系，才能循序渐进地提升自己的情绪力。

具体而言，我们要做好以下几点，才能提升情商，提高故事表达力。

第一点，接纳情绪，悦纳情绪。很多人习惯区分情绪，认为有些情绪是对的，有些情绪是错的；有些情绪是好的，有些情绪是坏的。其实，这是对情绪的误解。从本质上而言，情绪既没有对错之分，也没有好坏之分，只是人对各种事情的主观反应。情绪的意义是由我们赋予的，在情绪拥有了意义之后，我们对不同的情绪又产生了不同的感受。这很容易使我们被困于情绪之中，无法摆脱各种消极的负面情绪，又会因为产生了积极的正面情绪而过于亢奋。当我们真正认识到情绪和呼吸一样是正常的反应，只不过呼吸是生理反应，而情绪是心理反应，我们对情绪就会少几分紧张局促，而多几分从容淡定，这有利于我们发自内心地接纳情绪，悦纳情绪，也能够保持情绪平静和舒缓。

第二点，任何情绪都有积极意义。例如，愤怒使人产生力量，焦虑使人积极主动地开始努力，适度的紧张能够激发人的潜能，喜悦令人思维敏捷活跃，兴奋令人爆发出前所未有的能力等。在本质上，情绪是每个人独具个性的一种模式，打破了这种模式，情绪也就会彻底地消失了，所以不要再对情绪如临大敌，而应该把情绪当成自己熟悉的好朋友，当情绪又来做客时，放松地面对情绪，张开双臂拥抱情绪。

第三点，戒骄戒躁，沉下心感受情绪，解读情绪的信息。做好前面的两点，当情绪又来光顾，我们就不会再那么紧张和焦虑了。何不放下手头上的事情，让自己单独与情绪相处，深入感受情绪给自己带来的身心变化呢？如果愿意，还可以详细地记录对情绪的感知和感受，积累一些关于情绪的词汇，这对了解情绪、接纳情绪和处理情绪都极其有好处。

坚持做到这些，我们对情绪就会越来越熟悉，对情绪的掌控力也会越来越强。情绪就像是一股生命力，在注入故事之后，会让故事变得鲜活生动，非常诱人。就让我们从掌控情绪开始，讲好故事吧！

第三章

选好故事，让听众怦然心动

要想讲好故事，首先要选好故事。正如好演员会精心挑选剧本，对不适合自己出演的剧本，他们会拒绝出演。有好剧本，才能成就好演员；有好故事，才能成就讲故事的人。好的故事，能够让听众怦然心动，也能让听众沉浸其中，无法自拔。

故事表达力

故事要进入听众的世界

对讲故事的人而言,最糟糕的情况莫过于自己辛辛苦苦地讲故事,甚至还卖力地调动了面部表情、肢体动作,也挖空心思地运用了很多精妙的词语,但听众却不为所动,甚至没有给出反应。这到底是为什么呢?究其原因,是故事没有打动听众,听众没有敞开怀抱接纳故事。

现实生活中,在很多情况下,讲故事的人都会承受这样或那样的挫折和打击。例如,在职场上向上司汇报工作时,虽然上司脸上挂着礼貌的微笑,却漫不经心地看着别处,也始终没有给出反应,所以我们压根不知道上司有没有在听汇报。在课堂上,教师使出浑身解数,只为了深入浅出地讲解知识,让学生有所收获,可学生看似坐在课堂上,却神游物外,心思不知道聚焦何处,压根没有听教师讲述的内容,更别说理解和接受了。很多人都热衷于在朋友圈里晒自己的生活,却发现朋友圈里的人对此毫不关心,甚至心生反感。

的确,每个人都生活在独属于自己的故事里,也都只关心

第三章 选好故事，让听众怦然心动

独属于自己的故事。对他人的故事，若不是真心爱着他人，若不是对他人产生了好奇，压根不想了解。毋庸置疑，人尽管都是群居动物，却都更看重自我。在人类漫长的进化过程中，人人都需要具备独立生存的能力，才能逐渐融入人群之中，发展自身与人协调合作的能力。这就决定了我们要想以故事力影响他人，就要能够打动他人的心，让他人敞开心扉，进入故事营造的世界和氛围中。在此过程中，还要激发他人的好奇心，让他人对我们的故事感兴趣，也主动地深入钻研故事的情节，了解故事的内容等。很多人都喜欢看电影，常常会被电影的情节感动，深陷其中无法自拔，还有可能与其中的角色一起哭一起笑。这就是因为投入地观赏影片时，观众就会与影片中的角色建立联结，在想象与共情中与影片的主角同呼吸共命运，发自内心地认同主角，接纳主角。否则，观众就不会想要知道影片的结局，也会不认同影片表达的主题思想。

把影片的成功之处移植到故事中，我们就会发现要想让故事引起听众的共鸣，就要发掘故事中与听众相关的内容，这样听众才会因为听了故事而心动，才会真心喜欢故事。所谓故事力，就是以讲故事的方式影响他人。生活中，有些人特别会聊天，即使面对陌生人也能很快地拉近距离，找到合适的话题，这就是人们常说的自来熟。其实，自来熟的人都有一种特殊的能力，即吸引对方的关注，也让对方很乐意参与交流。

除了要与听众产生共鸣之外，好故事还要能够引起听众的反应。人与人的相处如果始终像是平行线，就不会有交集。只有彼此相交，才能产生联结，也才能让他人为我们的故事心动。当故事与听众的经历相关，听众就会产生联想，因而被故事感动。例如，当年《泰坦尼克号》热映，在电影院里，很多观众看到杰克沉入冰冷的海底时泣不成声，这并非因为他们都曾经经历过沉船的绝望，而是他们看到影片中令人心碎的场景，产生了联想，既想到了自己的爱情故事，也想到如果自己和爱人处于相同的情况下，又会做出怎样的决定。这样的联想不但让观影者对主角产生共鸣，也让观影者更加珍惜自己的爱情。

那么，究竟如何讲故事，才能激发听众的共鸣呢？共鸣按照由浅入深分为三个层次。第一个层次，共同的成长经历、人生背景等，都会使人有共同话题，也会产生沟通的欲望。在这个方面，最典型的事例是那些毕业于同一个学校的学子们，即使不是同学，也会彼此亲近。这都是因为他们有着共同的人生经历，所以更容易产生共鸣。

共同的感受，是共鸣的第二个层次。感受，指的是兴奋、悲伤、愤怒、喜悦、伤心、欣慰等情绪。在这里需要提醒大家的是，和成功的故事相比，失败的故事更能够引起听众的共鸣。这是因为每个人对成功都有不同的定义，如一个成功登顶珠穆朗玛峰的人对一个喜欢宅在家里的人讲述登山故事，必然无法引起他的共鸣。与此不同的是，人人都曾经遭遇过失败，哪怕失败的原因各不相同，可失败带来的感受却是相同的。因此，与其讲述成功登山的喜悦，不如讲述登山过程中的艰难坎坷，甚至可以分享登山失败的沮丧等，这样就能引起听众的共鸣了。

共鸣的第三个层次，也是最高级的共鸣，源自价值观层。价值观听上去是非常抽象的，其实人人都有价值观，如对事业的追求，对爱情的向往，对目标的坚持，对失败的勇气等，都与价值观密切相关。正是在价值观的引导下，我们才会做出不同于他人的选择。故事如果能够触动他人的价值观，就会令他人印象深刻。

总而言之，每一个好故事都有价值观，价值观就是故事的灵魂。当一个故事在价值观层面引起了听众的共鸣，听众就会受到心灵的震撼，也会由衷地感动。

知己知彼，百战不殆

古人云，知己知彼，百战不殆，指的是在作战的过程中，如果透彻地了解自己和敌人的情况，就不会失败。在讲故事的过程中，知己知彼，百战不殆，则指的是要了解听众的内心，洞察听众的情感倾向，也知道听众正在担忧和害怕什么。

人们常说好故事要引人共鸣，所谓共鸣，关键就在于"共"。必须了解听众的所思所想，知道听众的担忧和恐惧，才能迈出以故事引起听众共鸣的第一步。打个比方，在所有公司或者企业里，管理者都想最大限度激发员工的潜能，让员工拼尽全力为公司作出贡献。然而，这很难做到，关键在于大多数管理者都不知道员工的职业驱动力所在。对很多苦苦挣扎在生存线上的员工而言，他们最想要得到更多的薪水。一旦升到更高的职位，在生存方面也就实现了衣食无忧，员工才会想通过工作实现自己的价值，证明自身存在的意义，也能够通过为社会做出贡献的方式，获得社会认同感。尤其是当他人都怀着仰视的目光看着他们时，他们更会充满动力，继续全力以赴。

从这个角度说，不管是老板还是管理者，都要深入了解员工为何选择当下的这份工作，也要知道员工通过工作最想得到哪些方面的满足。唯有如此，才能有的放矢地激励员工，也让员工充满动力地拼搏向上。这就好比射箭，必须瞄准靶心，才能射中靶心。如果对员工缺乏了解或存在误解，激励员工的方式就很难起到良好的效果。

那么，如何才能了解听众，打动听众呢？如果是有计划地沟通，或者是发表演讲等，我们完全可以预先获悉听众的情况。例如，有些讲座是面向职场精英的，有些是面向大学生的，有些是为了向老百姓普及知识的。预先了解听众的基本信息，沟通才会更加有的放矢。而在很多随机的沟通中，我们对听众是全然陌生的。在这种情况下，就要随机应变，一边即时地与听众沟通，一边观察听众的反应，及时做出调整。

在网络世界里，很多人为了获得流量，抓住人们普遍存在的恐惧心理，来营造焦虑的氛围。当然，过度贩卖恐惧与焦虑是不行的，在讲故事的过程中，我们要用正确的方式引起听众共鸣。例如，采取换位思考，知道听众的所思所想，准确地戳中听众的担忧。当听众情不自禁地跟随故事的节奏情绪起伏，当听众不受控制地跟随故事中的角色哭哭笑笑，讲故事也就达到了知己知彼，百战不殆的目的。

总而言之，做到知己知彼，百战不殆，并非简单容易的事情。有些情况下，哪怕面对的是非常熟悉的听众，我们也无法完全把握听众的微妙心理变化，更不可能把每句话都说到对方的心坎里。不管在何种类型的沟通中，我们都要本着真诚友善的原则，先尊重他人才能赢得他人的尊重，坚持平等对待他人，才能得到他人的平等对待。人与人之间交往总是相互的，很多事情都会有正反两面的作用，讲故事也是如此。为了避免负面作用，发挥积极的正面作用，我们应该了解听众，预估听众的反应，这样才能真正打动听众，叩开听众的心扉。

讲故事要有同理心

要想在讲故事时激发听众的共鸣，讲故事的人就一定要有同理心。所谓同理心，要以了解听众为基础，如知道听众真正关心和恐惧的是什么，也能够与听众在精神和情感上做到同频共振。唯有坚持这么做，我们与听众的共鸣才能从第一个层次上升到第二个层次，最终达到最高级的形式，即在价值观层面产生共鸣。

在心理学的角度，同理心就是设想自己置身于和听众相同的处境中，感受听众在特定情境下的想法和情绪，采取宽容的态度尊重和接纳听众的各种情绪。最终，我们理解了听众，要表达出这种理解，最好糅合到故事中，这样故事就会具有更强大的力量，让听众在感动之余接收到传递出去的信号，与我们实现更深层次的共鸣。简而言之，同理心就是把自己想成是对方，站在对方的位置上看待问题，看见对方的真实感受和需求。

故事表达力

小雅是一家知名外企的普通员工,她对待工作认真努力,从不懈怠,终于得到了一个期待已久的机会,加入了新项目。小雅原本打定主意要借着参与新项目的机会证明自己的实力,却在项目开始一个多月后,消极怠工,一张口就想抱怨项目负责人,就想指责团队里的小伙伴。看到小雅的改变,经理很疑惑,他还记得小雅一个多月前得知自己要参与项目时的兴奋劲儿呢!到底发生了什么呢?

这天,小雅和几个要好的同学聚餐,大家纷纷吐槽工作中的不如意。小雅也不停地诉苦水,说道:"我呀,比你们都惨,好不容易得到机会参加项目,原本想要崭露头角,却没想到项目负责人就是个霸主,全揽了团队里的一切成就和功劳,不愿意分给任何人。"话音刚落,大家都纷纷劝说小雅:"哎呀,职场险恶啊,等过段时间你就适应了。""要不,请项目负责人吃顿饭,好好套套近乎?""这算什么,我的委屈比你大多了……"听着大家七嘴八舌,小雅一言不发,越来越烦躁,最终忍不住说道:"你们啊,都是饱汉子不知道饿汉子饥,说起来轻松做起来难。"

这个时候,一个始终默不作声的同学小声说道:"小雅,我能理解你的感受,为项目付出这么多时间和精力,功劳都是别人的,换作谁都会感到委屈的。"小雅听到这句话时瞬间红了眼眶，立马和这个同学聊起来。其实，她们在大学里的关系很一般，这下却成了好朋友。

那么多同学劝说和开解小雅都没有用，为何这位同学只说了一句话就能起到这么好的效果呢？究其原因，是这位同学对小雅有同理心，没有否定小雅的感受，也没有随便给小雅出主意，只是告诉小雅她能理解。由此一来，小雅觉得自己是被理解和接纳的，自然备受感动。

讲故事的人要想激发出听众深层次的共鸣，就要有同理心，这样才能赢得听众的信任。在这个意义上，讲故事的人才是故事中最重要的要素，也为故事注入了温度和力量，所以故事才能影响他人。具体而言，我们应该怎么做，才能拥有同理心，继而提升同理心呢？

首先，要想共情，就要学会放下自己的主观观念，也不要对他人或者某件事情怀有过高的期待。唯有把自己变成真正的旁观者，我们才能从事情中跳脱，站在旁观者的角度投入纯粹的感情，达到共情的目的。正如人们常说，鞋子是否挤脚，只有脚知道。我们要想知道他人的鞋子是否挤脚，就要先脱掉自己的鞋子，再换上别人的鞋子，继而感受舒适度。

其次，要想共情，必须舍弃功利主义，怀着好奇心，尊重他人。所谓共情，指的是与他人同欢乐共悲喜，就要坚决杜绝嘲笑他人，也不要冷嘲热讽。既心怀热爱，也能与身边的人和事情保持适度的距离，建立良好的联结，共情才会有坚实的基础。

再次，用心倾听。在做到舍弃主观观念、舍弃功利主义的前提下，我们还要凝神倾听。倾听，不是单纯地听，而是既要听见对方的话，也要领悟对方隐晦的感受、情绪和隐藏的需求、喜怒。人是情感动物，每时每刻都在产生各种各样的情绪，也怀揣着各种不同的想法。每个人都渴望得到他人的专注倾听，有时候只需要保持倾听，而无须诉说，就能打开他人的心扉，获得他人的接纳。

最后，积极回应。有些人误以为沟通是从表达开始的，其实沟通是从倾听开始的。沟通始于倾听，要想维持良好的沟通状态，必须进行积极的回应。说起回应，很多人都有误解，认为只需要"嗯啊"几声，就算是给了回应；也有人长篇大论，滔滔不绝，却没有抓住对方真正的需求，只是在自说自话。无疑，这两种方式都不是积极的回应。积极的回应，既要给出对方想要的反应，也要能够与对方建立情感联结，为接下来的沟通奠定坚实的基础。很多人之间的沟通都是无效沟通，根本原因就是没有积极回应。在积极回应的过程中，我们可以验证对方想表达的意思,也可以抒发自己内心的情绪和感受,还可以表达自己心中的疑惑不解。成功的共情一定能够得到对方的正面回应,否则就需要继续尝试建立情感联结。

当然,同理心并非与生俱来,每个人都需要花费一些时间才能提高同理心。具备了同理心,我们就不会再认为与人沟通是一件特别艰难的事情,讲故事的水平自然会水涨船高。

核心思想，是故事的灵魂

核心思想，是故事的灵魂。故事的情节、人物设置、氛围烘托等，都为表现核心思想服务。要想把故事讲好，就要关注故事的层次，通过层层推进的方式，多维度地展现故事的内核。具体而言，先要完善故事的三个层次，即表现形式、表现内容和价值观，继而才能以这三个层次凸显故事的核心思想，让故事拥有灵魂。

表现形式，具体指如何讲故事。在讲故事的过程中，讲故事的人会根据故事的内容、自己对故事的了解、自己擅长的表达方式等因素，确定以怎样的语调、眼神和肢体动作等表现故事的具体内容，实现故事的预设目的。有时候为了达到预设的特殊目的，讲故事的人还会独出心裁，运用别开生面的方式讲好故事。

表现内容，指的是故事的具体内容，即故事讲述了一件怎样的事情，或者讲述了一个人怎样的经历。借助于特定的架构，也借助于独特的逻辑层次，故事会把相关的内容呈现给听众,这样听众才能通过听故事了解故事的核心思想,也才能把握故事想要传达的价值观。

价值观,就是故事的核心,也是故事的灵魂。在写文章的过程中,很多人都会在动笔之前立意,再根据主题思想设计框架,铺展情节。所谓立意,就是建立故事的核心、故事的灵魂,也是故事的价值观。

人们常说,好看的皮囊千篇一律,有趣的灵魂万里挑一。讲故事的人必须把握好故事的三个层次,才能赋予故事有趣的灵魂。在本质上,很多人都是特别有趣的,只是因为没有讲好自己的故事,才没有用故事吸引人,也没有用故事影响人。为了改变这样的情况,我们要深入了解故事的三个层次,让自己的故事更加精彩动人。

在讲故事的过程中,表现形式很重要,但这使很多人都过于看重表现形式,盲目地学习一些流于形式的技巧,而忽略了故事的表现内容和价值观。对每一个故事而言,要想真正具备影响力,对听众起到切实的影响,要有精彩的故事内容,也要有正向积极的价值观。反之,表现形式和表现内容都要为核心价值观服务,否则就失去了存在的价值和意义。一个没有核心价值观的故事,就像是一副空空的皮囊,既没有灵魂,也没有趣味。为此,在选择素材时,要紧紧围绕表现价值观的核心,这也是讲故事必须遵循的重要原则。

为了表现核心价值观，在构思故事情节时，要坚持正确的顺序，即先立意，再根据立意搜集材料。实际上，很多人创作故事的顺序恰恰相反，或者根据已有的故事素材立意，或者很随意地选取故事素材，以时间顺序进行铺陈。毫无疑问，这样的平铺直叙与精心构思故事相比更加简单，但是对听众而言，就很难在平淡如水的讲述中抓住故事的核心思想。

此外，还需要掌握的一个小技巧是，尽管是在立意之后搜寻相关的故事素材，而且所有的素材都是为凸显核心思想服务的，但不要直接点名核心思想。讲故事可不是搞填鸭教育，不是直截了当地讲道理即可。讲故事与讲道理最本质的区别就在于，讲故事是循循善诱，引导听众领悟道理，更受听众欢迎；讲道理是毫不掩饰地表明自己的思想和观点，是强制性地把自己的思想和观点灌输给他人，往往引人反感。我们要始终坚持讲故事的原则，即既旗帜鲜明地树立自己的观点，又不要点破自己的观点，而是要在讲述的过程中引导听众，最终让听众得出属于自己的结论。

罗伯特·麦基是大名鼎鼎的剧作家，他非常擅长以讲故事的方式证明一个道理。正因如此，他才坚持认为不要为了讲故事而讲故事，而要以非解释的形式证明道理，这样才会更受听众欢迎。此外,他还强调,无须在故事的情节中刻意地阐述道理,而是要让听众在听故事的过程中领悟道理。他还主张,故事还要具有真实性,这样故事表达的核心价值观才能为听众所理解和接受。

具体来说,如何以故事表达道理呢?首先,要先立意。古今中外,很多历经时间的流逝依然得到传承的故事,都有着明确的核心价值观。因而,我们要先设定故事的目的,再根据目的搜集合适的材料,选择合适的表达形式。这正如写作文,首先确定主题思想,然后列大纲,最后才是根据大纲填充内容。坚持这样的顺序,整个故事就主旨鲜明、构思精巧、内容凝练。如果采用相反的顺序,根据已有的内容提炼主旨,就会非常散乱,如同一盘散沙,无法凝聚。

例如,职场人士在给老板汇报工作时,往往会有时间和篇幅的限制,不可能长篇大论,滔滔不绝。在这种情况下,即兴地汇报当然是行不通的,要提前做好汇报的准备,精心构思,用心准备,争取用最少的篇幅陈列主要内容,达到汇报的目的。再如,管理者想要激励新入职的销售人员,要求经验丰富的老员工用一句话介绍工作中遇到的最大困难和感悟。尽管只有一句话,但只要讲得好,完全能够讲出一个精彩的故事,这就是讲故事的魅力。

总之，每一个好故事都要有核心思想，也要有灵魂，才能真正发挥影响力，让听众在听完故事之后有所感悟，有所深思。

第三章
选好故事，让听众怦然心动

冲突一定要吸引人

不管是观看影视剧，还是观看真人秀等综艺节目，最能够吸引观众眼球的一定是冲突。正因如此，那些情节曲折离奇的影视剧才能最大限度地吸引观众，近些年如同雨后春笋般层出不穷的真人秀等综艺节目才会故意设计冲突，从而获得更好的节目效果。人，天生好奇，面对未知的或者结果待定的事情，总是迫不及待地想要知道结果。正因如此，人才会始终受到冲突的吸引。

故事和影视剧一样，也要靠着设置冲突和解决冲突，引导观众跟随故事情节的发展心潮澎湃，起伏不定。那么，所有的冲突都能达到这样的效果吗？当然不是。并非每一个冲突都能吸引人，这正如有些影视剧通过冲突获得了极高的收视率或上座率，而有些影视剧哪怕冲突不断，也不能吸引观众，播放的数据很难看。有些冲突很突兀，为了冲突而冲突，甚至不符合常理和人情，让观众看过之后犯了"尴尬癌"；有些冲突合情合理且出人意料，能够让人在受到激烈情感冲击的同时领悟到深刻的道理，才称得上是奥斯卡奖级别的冲突。那么，这种水平相差迥异的冲突有何不同呢？其实，这两种极端类型的冲突最显著的区别就在于，前者没有意义，不能引起观众的共鸣；后者有意义，能够引起观众的共鸣。

对无忧无虑的少年强说苦恼，古人留下了一句话，叫作"少年不识愁滋味，为赋新词强说愁"。毫无疑问，那些无病呻吟的冲突是没有意义的。既然如此，少年为何还要为赋新词强说愁呢？这是因为人类的大脑有一个特点，即对"困难"尤其敏感。每当自己或者他人遇到困难时，我们就会萌生出克服困难的想法，也会鼓励他人积极地战胜困难。少年深谙此道，所以想以忧愁苦难为自己设置难关，从而再以战胜困难的方式塑造自己的高大形象。在讲故事的过程中，战胜困难的过程恰恰就是故事的情节主线，而不畏困难勇往直前的精神则成为故事的核心价值观。我们固然不能学习为赋新词强说愁，却可以学习以困难设置悬念，再以战胜困难升华故事的主题思想的方式。前文说过，演讲者分享失败的经历往往能够激发听众的共鸣，反之，分享成功的经验则无法取得好效果。由此可见，冲突的意义就在于让故事的主人公勇敢无畏地战胜困境。具体而言，要做到以下几点，才能设计出有意义的冲突，也才能让冲突为表现故事的核心价值观而服务。

第一点，冲突要有分量。所谓分量，就是会对故事情节的发展起到重要的影响，也会对相关人物角色的命运起到关键性的作用。如果主人翁面对的困难只是早上饿肚子，就无法激发起听众的关切之意。如果主人翁不能解决某个困难，他的命运就会彻底扭转，听众才会尤为关注主人翁的表现。

很多人都看过经典影片《让幸福来敲门》，非常喜欢主人公父子。这部影片之所以能够得到很多观众的喜爱，正是因为主人公，他不但身无分文，还带着年幼的儿子。他必须获得一份能够养活儿子的工作，才能继续拥有儿子的监护权，否则就要与儿子分离。在现实生活中，很多人都面临失业的困境，为何我们会被这部影片的主角打动呢？正因为他的困难是有分量的，不但会影响他自己的命运，还会影响他儿子的命运。换言之，如果这部影片的主人公是衣食无忧的"富二代"，只是为了体验生活才想要当证券从业人员，影片的冲击力就会大打折扣，甚至无法吸引观众。

第二点，面对冲突，相关的人物角色需要作出选择。很多人都有选择困难症，可见选择并非一件容易的事情。实际上，冲突的意义正在于有所选择。面对冲突，如果相关的人物角色只能作出唯一的选择，结局就是必然的，冲突也就不复存在了。在面对至少两个选择的情况下，如果不同的选择将会得到明显有利于自己或者明显不利于自己的结果，主人公却没有按照常理选择有利于自己的选项，而是出于某些原因不得不选择对自己不利的选项，这时候，解决冲突的道路就会遍布荆棘，让听众一边听故事一边为人物揪心，在不知不觉间全身心投入故事情节中，沉浸其中，无法自拔。

第三点，冲突要有共鸣。当听众跟随着故事中的人物角色哭哭笑笑，就会特别关心他们的命运，也会关心与他们的结果。由此一来，听众就会产生共鸣，甚至恍惚间认为自己就是故事中的人物，产生代入感。这样的故事无疑是成功的，因为引起了听众的共鸣，也让听众真正地走进了故事中的世界。反之，如果听众压根不关心故事中的冲突，也不关心这个冲突将会产生怎样的结果，那么哪怕冲突非常强烈，也不能起到良好的效果。

需要注意的是，为了让故事中的人物角色更贴近听众，不要把人物角色设置得太过完美。一个完美的人物角色距离现实生活很远，距离听众的想象也很遥远，所以听众很难与他们同悲伤共欢乐。反之，不完美的人物角色会让听众想起自己相似的经历，也会把自己与人物角色对号入座，产生强烈的代入感。常言道，人生不如意十之八九，真正能够打动人心的不是那些光鲜亮丽的成功者，而是那些生活得千疮百孔的平凡人。

一个故事中不是只有一个冲突，而是有很多冲突。不要在刚开始讲故事时就把所有的冲突和盘托出，而是要如同剥洋葱一般按照层次先呈现第一层次的冲突，继而随着情节的不断推进，再呈现更深层次的冲突。冲突与情节相辅相成，情节的发展带来了升级的冲突，而冲突的不断升级又能推动故事情节继续向前发展。在这个过程中，听众完全被故事吸引住，越来越揪心，越来越无法自拔。

故事主线凝聚背景和冲突

讲故事,首先立意,其次设计故事主线,再次搜集素材,最后以主线贯穿所有的素材,形成完成的故事。如果把一个故事比喻成一条珍珠项链,那么故事主线就是线,所有素材就是珍珠。说起来很简单,真正做却相当有难度。大多数人习惯随意讲述,或者是按照事情发生和发展的进程平铺直叙,这都会使故事缺乏新意,也没有吸引力。实际上,我们必须作出一系列选择,才能构思出一个好故事;必须调动自己的语言储备,才能把故事讲得更加精彩;必须紧扣主题,才能表现出故事的核心价值观。

要想真正成就一个好故事,我们就要选择最优质的"珍珠"。无疑,每个人都有丰富的人生经历,也会听到他人讲很多有趣的事情。如果不加选择地把自己了解的事情都放进故事中,整个故事就会显得混乱无序。为了突出主题,必须先构思好整个故事,才能根据故事的主题和主线进行选择和取舍。需要注意的是,对任何故事而言,素材并非越多越好,繁杂的素材会让故事无法凸显主题,也会让听众如坠云雾里,压根不知道故事的主题是什么。反之,如果能够根据主题和主线挑选出最合适的素材,并以特定的顺序贯穿,就能够成就好故事。

在串联素材的过程中,不仅要在情节的关键处设置冲突,还要在合适的时候介绍背景,做好铺垫。不管是背景还是冲突,都要融入故事情节中,这一点毋庸置疑。

在讲故事的过程中,我们可以通过设置冲突和解决冲突,凸显出故事的价值和意义。正如写作文往往会跑题一样,我们在讲故事的过程中也会不知不觉地偏离主题,具体表现为选择的素材不能表现核心价值观,甚至与核心价值观相违背。为了避免这种情况出现,在立意之后,还要审慎地分析主题,也要在设置主线和搜集素材的过程中,始终紧紧围绕主题。

很多人在讲故事的过程中过于看重冲突,而完全忽略了背景,也没有进行必要的铺垫,这就会减弱冲突带给听众的冲击力,也会削弱冲突起到的效果。背景究竟起到怎样的作用呢?炎热的夏季来临,很多人都喜欢喝绿豆汤,却发现绿豆很难煮烂。后来,有个人想出了一个好办法,即先把绿豆放在冰箱里冷冻,再把冰冻的绿豆放在沸水里煮,这样就能加快绿豆煮熟的速度。这是为什么呢?铺垫,也起到了冰冻绿豆一样的作用,能够让冲突更加凸显,也让冲突的威力更加强大。例如,在影视剧中，主人公往往需要在经历诸多磨难之后，才能获得想要的结果。

只有在得到背景铺垫的前提下，冲突才能立得住脚，也才能发挥更强大的冲击力。在铺垫背景之后，后面的情节必须与该背景遥相呼应，这样才能圆满。如果进行了背景铺垫，却没有在后面的讲述中产生相应的冲突，就会给听众无厘头的感觉，使听众感到莫名其妙。

有了故事主线的贯穿，整个故事才能形散而神不散。所谓形散，指的是故事素材多，需要根据主线的安排一一罗列；所谓神不散，指的是再多的故事素材，只要有主线作为贯穿，就会统一为表现故事的主题思想服务。即便如此，在讲故事的过程中也要精心安排，以一个故事只表现一个观点为原则，进行素材的排列和铺陈。

有些人特别贪心，讲故事时又想阐明这个观点，又想陈述那个观点，结果一股脑地倾倒出很多观点，最终因为混乱无序的讲述引起听众的反感。与其试图面面俱到而事与愿违，不如把握其中的某个点进行深入的阐述，也把诸多的观点总结凝练成为少数几个观点，逐个讲述。当然，一个故事可以有不同的单元，每个单元都可以表现出一个小的重点，但是所有的重点之间应该是相互关联的，是整个故事核心价值观的不同表现方面。如果这些重点之间毫无联系，互不相关，最好就不要将其放在同一个故事中。如今，很多人在生活中都追求精简，坚持断舍离，讲故事的人也要学会断舍离，坚持每个故事都只有一个大的主题，而所有的小主题都是为了表现大主题而设置和安排的。

在有些场合里，如参加超大规模的产品发布会，是可以在同一场演讲中设置不同主题的。这属于系列演讲，其中的每一个小演讲阐述一个主题。即便如此，不同的主题之间也要按照特定的顺序合理安排，而不要凌乱地堆积主题。打个比方，这样的系列演讲就像是一棵参天大树，主干代表大主题，而粗壮的枝干代表着小主题。由此可见，所有故事都要以主线贯穿素材，呈现主题，只要坚持这一点，一系列故事就能做到形散而神不散，凸显故事的核心价值观。

第四章

讲好故事,提升诚信力

人人都想获得他人的认同,那么就要致力于提升诚信力。讲故事,借助故事的情节打动听众,让听众与故事中的人物产生共鸣和共情,进而与我们产生共情,我们就可以提升诚信力。诚信,是每个人立世的根本。讲好故事,是提升诚信力的有效方式。

获得他人的认同感

一个人之所以信任另一个人,是因为在外在和内在这两个层面上,都对他人产生了信任。显然,外在层面上的因素都是可见的,是客观的标准,可以当作参考的依据。正因如此,人们习惯先考察外在的因素。例如,大学生找工作时必须在简历上写明自己的教育经历、最高学历、各种证书等;相亲的时候,男性和女性都会先了解对方各个方面的情况,诸如学历、工作、收入水平等。在了解了外在因素之后,大学生和招聘公司之间会形成初步的信任关系,相亲的男性和女性之间也会初步判断对方是否是自己的理想恋爱对象。

然而,诸如学历、证书、职务等外在因素固然重要,内在因素更加重要,这是因为人外有人,天外有天。一个人不管多么优秀,总有人比他更优秀。我们可以以客观标准作为依据,评价一个人是否优秀,但这并不意味着我们真正认同和接纳他们。在某种意义上,没有闪亮的履历,我们想要获得他人认同往往会出师不利;但是,哪怕有了闪亮的履历,我们也未必能够如愿以偿地获得他人的认同。我们必须结合外在因素与内在因素，在两个方面都得到他人的认同，才能真正赢得他人的信任。

内在因素，指的是由内在动力和核心价值观构成的各种观点，诸如人生观、世界观等观点，诸如一个人排除万难、百折不挠的决心和毅力。和外在因素的易见不同，内在因素往往是不可见的，因而带有几分神秘感。此外，我们也很难以讲述的方式表达自己的内在。

在人际交往中，我们要想给他人留下深刻的印象，要想得到他人的认同和接纳，就必须要展现出自己的内在。只有实现内外结合，我们才能与他人之间建立长久的良好关系，也才能并肩走得更远。

外在因素尽管是可见的，却每时每刻都处于变化之中；内在因素尽管是不可见的，在人的内心深处却是根深蒂固的，很难改变。例如，一家大公司的市值很有可能在一夜之间缩水，可企业的文化和精神却不会改变。不管是个人，还是组织机构，都要在漫长的成长和发展过程中形成价值取向和核心信念。因此，价值取向和和核心信念才会成为比较稳定的内在因素，奠定坚实的基础，为外在的实力发展提供源源不断的动力。在这个意义上，只有三观契合，才能彼此认同，彼此支持和扶持。人与人之间、人与组织机构之间、组织机构与组织结构之间，都是如此。

既然如此，在考察某个人或者某家公司时，我们不能只关注外在因素，而要更加关注内在因素。因为通过了解内在，才能真正了解对方，才能判断自己与对方是否契合。作为讲故事的人，也不要一味地阐述对自己有利的外在因素，如果想要谋求长远的合作，就必须同时展示自己的内在。那么，如何展示自己的内在呢？这的确是个难题。既然不能直截了当地告诉别人"我很正直""我是个爱国的人"等，不如就采取讲故事的方式，呈现自己的价值观。此外，在与人针对某些事情进行沟通的过程中，我们也可以抓住各种机会表达自己的观点。俗话说，路遥知马力，日久见人心，就是因为时间久了，每个人都会通过言谈举止展现出自己的品格和观点。

不管采取怎样的方式，想要得到他人的信任都是很难的。既然如此，我们就不要刻意标榜自己，因为过度标榜自己反而令人生疑，而可以通过实际行动证明自己，或者通过讲故事的方式间接地表达自己的观点。信任，与一个人的能力密切相关，一个人能力越强，越容易得到他人的信任。只是，能力强只能获得他人专业上的信任。要想赢得他人的全面信任，我们还要具有更高的可靠性，以合适的方式与他人建立亲近的关系。最重要的是，要表现出自我取向，就相当于展示自己为人处世的风格和品质。当我们在这些方面做得很好，就可以获得他人的信任。然而，真正做给他人看是需要时间的，对初次见面的面试官、相亲者、陌生的朋友等，我们应该如何展现自己的内在呢？又要如何在最短的时间内表现出自我取向呢？依然要靠讲故事。

建立信任的捷径，就是讲故事。听众一旦信任了我们的故事，就会信任我们。对陌生人而言，以讲故事的方式建立了初步信任，之后的相处就会更加和谐。

被他人记住

要想影响他人，就要被他人记住；要想被他人记住，就要给他人留下深刻的印象。如今，不管是求职应聘，还是在职场上对着初次见面的人自我介绍，很多人都恨不得第一时间就把自己最闪光的经历呈现给对方。然而，天外有天，人外有人，没有人能够成为世界上最优秀的人，也没有人能只凭着发光的履历就给他人留下深刻印象。对那些看起来光鲜亮丽的履历，大家顶多赞叹几句，转而遗忘脑后。要想自己真正被他人记住，不妨用讲故事的方式介绍自己，和只呈现履历相比，讲故事的我们才是有血有肉的，才能给人留下丰满立体的深刻印象。

人人都想被他人记住，都想把自己最好的一面呈现给他人。为此，大家绞尽脑汁地包装自己的履历，也想方设法让自己变得与众不同。毋庸置疑，在世界五百强的公司里工作，承担重要的职务，不断提升自己的学历，的确会让我们变得更加优秀，却未必能够让我们在第一时间被他人记住。拥有了这些

第四章
讲好故事，提升诚信力

过硬的条件之后，我们还要学会讲故事，尤其是幽默风趣地讲故事，并在故事中表达自己的思想和观点。那么，难道只有人生经历与众不同的人才能讲出精彩纷呈的故事吗？当然不是。哪怕只是普通而又平凡的人，只要我们用心，抓住生活中的小确幸和小小的磨难，就能把这些生活的细节变成活灵活现的故事，或者给人带来欢乐，或者引人深思。

常言道，处处留心皆学问，其实，处处留心皆故事。大人物有大人物惊天动地的故事，小人物有小人物温情脉脉的故事，不同的故事有不同的核心价值观和主题思想，也会给人们留下不同的印象，带去不同的感悟。在电影《人生大事》中，主角三哥原本是个桀骜不驯、对任何事情都不上心的年轻人，却因为帮助一位老人入殓而认识了孤苦无依的小女孩，由此展开了一段令人数次热泪盈眶的温情故事。一直阿三都认为父亲更喜欢二哥，不喜欢他，直到躺在病床上的父亲讲述了二哥用自己鲜活的生命换来一具尸体的故事，他才理解了父亲对二哥的感情，也知道了自己所从事的职业尽管被很多人看不上，却是非常高尚的，需要有一颗圣人心才能做好。电影名叫《人生大事》，说明了人生之中没有小事，生死事大，其他所有的事情也都事关重大。在人生的漫长旅途中，很多转折点未必出现在至关重要的时刻，而有可能出现在那些不为大多数人注意的时刻。然而，生命以诞生开始，以死亡结束，和生死相比，很多事情都没有那么重要。这两种观点都是故事的主线和核心思想所在，要细细地品味，才能在观赏影片之后有所领悟，最终领悟到深刻的人生道理。

拥有故事力的人很明白故事的独特魅力和神奇魔力，也很清楚要想被他人记住，与其罗列和堆砌自己的人生履历，不如讲好一个关于自己的故事。讲述的内容有很多，既可以是自己认为特别难忘的一件事情，也可以是自己经历过的困难和磨难，前者能够表现出自己的情怀，后者能够表现出自己不屈服的精神。如果想要面试成功，就可以讲述自己与所面试公司之间的渊源，表现出自己对公司的喜爱和执着，这样一定能够给自己加分。

在讲故事的时候，还要注意以下四点。

第一点，最好讲述第一人称的故事，以自己的亲身经历打动听众，这样更能够把听众代入故事中，同时表现出自己与众不同的思想与品质，给对方留下深刻印象。要记住，最好不要讲述自己的成功经历，尤其是轻而易举的成功经历，而要重点讲述自己在获得成功的过程中遭遇的挫折和磨难，这样才能彰显自己不服输的精神和坚持到底的勇气，打动他人。

第二点，如果以第三人称讲故事，就要注意把核心价值观融入故事情节中，但在讲故事的过程中不要反复强调核心价值观，在结尾的时候凸显即可，也可以在结尾处发表自己对这个故事的看法和见解，相当于发掘了一个独特的渠道，让他人了解自己，对自己印象深刻。

第三点，故事要符合实际，合情合理，否则会给人留下不值得信任的糟糕印象。要想发挥故事力，就要让听众相信故事。反之，如果听众始终在质疑故事，也就没有任何故事效果可言。

第四点，把故事与现实生活中的实例结合阐述。每个人讲故事都是有目的的，为了更好地实现目的，可以升华故事的主题思想，即用故事联系实际，这样就能够最大限度地发挥故事的影响力。对每一个听众而言，只有与故事中的角色产生共鸣，才能更加深刻地理解某个人物的选择；也只有把自己代入故事情节中，才能真正领悟故事的主旨。

总之，讲好故事，我们就能让他人记住自己。在茫茫人海中，面对无数个竞争的对手，能够被记住无疑是非常幸运的，这也就迈出了成功的第一步。

讲好故事，成功面试

故事必须具备相关的因素，才能构建信任的基础，为赢得听众的信任作好铺垫。只是做好这些事情还远远不够，我们还要有的放矢地选择故事。如果所选的故事不利于表现我们的内在，也就无法起到预期的效果。这意味着我们在选择故事时，要始终牢记讲故事的目的，选择那些有助于表现品格的故事，选择那些听上去非常可信的故事，选择那些出自良好动机的故事。

此外，我们还要拉近与听众之间的关系，这样才能顺利赢得听众的亲近。有些人认为，必须与听众长久地相处，才能彼此信任。的确，路遥知马力，日久见人心，人与人之间的确需要长时间相处才能彼此亲近，相互信任，才能建立牢固的关系。但是，也有特殊情况。在爱情中，原本陌生的男人和女人一见钟情，决定闪婚；在友情中，原本陌生的两个人一见如故，相谈甚欢。一则是因为他们有眼缘，第一眼看到对方就很喜欢，二则是因为他们沟通很顺畅，有共同的话题，也能产生共鸣。第三个原因，就是与故事表达力有关。在沟通过程中，每个人都会讲起自己的故事，都会告诉他人自己的观点和想法，也就必须发挥故事表达力，才能让讲故事起到良好的效果，在短时间内拉近与他人的关系。

现代社会，职场上的竞争越来越激烈。很多大学生原以为大学毕业，就可以拿着文凭找到好工作，殊不知，每年都有很多大学毕业生，都想找到一份好工作。这就使就业局面僧多粥少，此时除了要有过硬的文凭外，还要在面试的时候打动面试官，给面试官留下好印象。对成功面试，每个人都有自己的想法，也有自己的方式方法，我们这里重点阐述的就是讲故事。

要想用讲故事的方式打动面试官，的确有很多的方法和技巧。如当绝大多数面试者把自己包装得无懈可击，非常完美时，我们不如自曝弱点和短处。古人云，金无足赤，人无完人。其实，即便我们把自己标榜得很完美，面试官也知道我们是有不足的，既然如此，何不坦诚地呈现自己的不足之处？说不定，我们就能以坦诚打动面试官。《影响力》一书也告诉我们，一个人要想表明对他人的信任，就可以主动暴露自己的弱点。这样一来，他人既可以感受到我们的信任，也会处于互惠心理而讲述他们的糗事。中国人向来讲究礼尚往来，沟通和交流也遵循这样的原则。

在讲故事的过程中，为了证明我们拥有很强的能力，也拥有源源不竭的动力，更为了证明我们是值得信任的，我们可以采取一些方式。例如，以凡尔赛的方式低调地讲述自己的经历，最好把奋斗的历程讲述得曲折一些，这样才能推销自己，也证明自己的确是有实力的。以讲故事的方式表明自己的心意，阐述清楚自己的动机，并在曲折的故事情节中表明自己的临危不惧和临危不乱，证明自己是值得信任的。在讲述的过程中，听众就会更加深入地了解我们做事情的初衷和动机，也就会认识到我们的价值观。除此之外，还可以用讲故事的方式把自己包装成潜力股，呈现出自己改变的过程，呈现出自己即使遭遇失败却依然努力奋斗的过程。显然，所有的公司都很欢迎有潜力的员工，这是因为员工的巨大潜力还没有显现，会全身心地投入工作之中，和公司一起成长。

当讲好了"我是谁""我为什么"和"我的改变"这三个故事之后，我们在他人心目中的印象就会大为改观。面对陌生的面试官，如果我们想要给面试官留下深刻的好印象，就要找机会讲述这三个故事。当然，除此之外，我们还可以对领导、下属或者是相亲对象讲述这样的系列故事。根据对象的不同，根据场景的变化，调整故事的情节，让故事以不同的侧重点表现，从而达到预期的效果。

第四章
讲好故事，提升诚信力

尽管人们常说是金子总会发光的，但是人生短暂，如何能够在最短的时间内证明自己的实力，如何能够让自己尽早发光，如何顺利地推销自己，这是每一个现代人都亟须解决的难题。在很多情况下，如面试、相亲，讲故事的本质都是推销自己，为此，故事讲得好不好，往往关系到我们的前途和命运。如果需要第一时间争取到他人的认同，我们在用实际的行动证明自己之前，还要讲好"我很牛"的故事。有些闪光的履历，如果始终被埋没，他人就不会知道，既然如此，我们当然应该选择大大方方地介绍自己，不卑不亢地推销自己，既不要害怕暴露自己的弱点，也不要羞于呈现自己的优势。

在讲故事的过程中，我们会讲起自己的人生经历，通过自己真实的过往，让他人了解我们的价值取向和重要的观点。此外，每个人的人生都处于不断的变化中，正是变化带来了成长和进步，也只有变化才能适应这个千变万化的世界，跟随时代瞬息万变的脚步。可以说，不管是对个人而言，还是对整个人类社会而言，变化是永恒的主题，只有变化才是永远不变的。既然如此，我们不但要积极地迎接变化的到来，主动地寻求变化的发生，还要把对自己而言至关重要的变化用故事的形式讲述出来，让他人了解。

讲好故事，是卓有成效的推销方式。当我们成功地推销了自己，也用自己的能力、动力和改变证明了自己，获得了他人的接纳和认可，他人也就会主动地讲起关于我们的故事，这就实现了最高级的自我推销，也就形成了最强大的故事表达力。

用故事体现价值观

在面试的过程中,很多求职者都会遇到同样的一个问题,即"你为什么选择我们公司"。面试官之所以喜欢用这个问题试探求职者,就是因为在这个问题的回答中,可以看出求职者的就业观点、职业发展规划和价值观等。前文说过,求职者在自我介绍时,要从外在实力和内在素质两个方面展示自己。具体而言,外在实力指的是求职者的学历、能力,以及其他方面的资源等,是清晰可见的,可以用各种证书作为说明。相比之下,内在素质则是看不见摸不着的,表现出求职者的内在动力和核心价值观。只注重外在实力,或者只注重内在素质,都无法对求职者有全面的认知和了解,必须把这两个层面结合考察,面试官才能在最短的时间内了解求职者,也初步判断求职者是否适应公司发展的需要,是否真的有能力肩负起所应聘的职位。

在这个意义上,在回答这个问题时,求职者一定要慎重思考,才能得出令面试官满意的回答,才能给面试官留下好印象。如果求职者在回答问题时三心二意，敷衍了事，面试官就会否定求职者，也不会给求职者更进一步表现自己的机会。可想而知，这场面试就会以失败而告终。

在回答了第一个问题之后，第二个问题"你为什么想要得到这份工作"就来了。虽然求职者选择一份工作的原因是多种多样的，如工作内容轻松，薪水高福利待遇好等，可是否需要如实回答，或者是否需要拔高自己回答的层次，就需要求职者认真斟酌和考量。在没有把握以真诚坦率、毫不掩饰的真实回答打动面试官之前，对那些不登大雅之堂的回答，最好加以润色。例如，可以换一种方式表达工作内容轻松的意思，即认为自己在该职位上有更大的自我提升和发展空间；薪水高福利待遇好，也可以表述为这份工作能够帮助我实现生活的理想。同样的意思，用不同的方式表达，就会起到完全不同的效果。举例而言，如今有很多职场人士因为忙于工作，始终没有机会寻找合适的人生伴侣，就会选择相亲的方式解决个人问题。在相亲时，面对对方的问题——你为什么选择我，如果老老实实地回答"以我的条件，也就只能找你这样的"，相信一定能成功激怒对方，让相亲或者约会不欢而散。

每一个求职者要想如愿以偿进入心仪的公司，得到想要的职位，首先应该成为语言大师，掌握语言的魅力，把每一句话都说得动人心弦,尤其是让面试官感到满意。

面试官当然知道人人都是为了生存而努力奔波,绝大部分求职者找工作的第一个原因就是赚钱养活自己。可想而知,面试官的真实用意是了解求职者的内在驱动力,即除了赚钱之外,求职者为何想要得到这个职位。在求职者讲述的过程中,面试官还可以考察求职者,判断求职者的价值观是否符合公司的企业文化和价值核心。有些面试官想得很长远,想在交谈的过程中,通过求职者的回答预估求职者是否能够在危难时刻与公司同进共退,一起坚守,度过困境。在这个意义上,求职者要想更好地回答这个问题,就要事先了解公司的企业文化和公司的高层管理者的经营理念。不可否认,有些老板一心一意只想赚钱,也有些老板是有理想有情怀的,有家国大义在心中。唯有提前做好功课,求职者才能把这个问题答到面试官的心里。

当然,除了这两个问题之外,面试官还有其他问题。面对接二连三的问题,很多求职者因为对面试产生了误解,误以为面试的本质就是面试官代表用人单位考核求职者,因而在面试过程中唯唯诺诺,胆战心惊。不得不说,这样的理解是完全错误的。面试是双向选择的过程,在面试的过程中,不仅面试官在代表用人单位考察求职者,求职者也可以借着面试的机会更加深入地了解公司，判断自己的价值观是否契合公司的文化和精神等。只有相互契合，面试才能获得圆满的结果。

在面试中，求职者了解到公司的价值观与自身的价值观相契合，想要争取进入公司的机会，也得到心仪的职位时，必须证明自己就是最适合公司的人选。在这种情况下，求职者应该如何向面试官表明心迹呢？直截了当地表明心迹，说自己的价值观与企业的文化契合，显然不具说服力。要想证明这一点，就要明白价值观的特性，继而才能选择以合适的方式成功地实现与企业的双向选择。

其实，对大多数人而言，平日里基本上不会意识到自身价值观的存在，也不会刻意地关注自身的价值观。这是因为价值观和身体的免疫系统是很相似的，在身体健康的情况下，免疫系统处于默默工作的状态，我们很难意识到免疫系统的重要性。价值观也是如此，必须到了关键时刻，才会表现出自身的价值观，也发挥重要的作用。例如，很多人在找工作的时候都有一些要求，离家近，工作轻松，福利待遇好，发展平台大，有双休，有出国学习和考察的机会，能够帮忙落户等。把这些要求单独列举，一条一条地看，貌似并不难实现，可如果求职者很贪心，想要占据所有的优势，找工作就会变得尤为困难，甚至根本不可能找到合心意的工作。在这种情况下，必须学会舍弃那些不切实际的要求，优先满足其中最重要的要求，既能够免除纠结，又能够顺利地找到工作，可谓一举两得。

越是面临艰难的选择，越是能够凸显我们的价值观。基于这一点，我们可以在介绍自己的过程中假设一些两难的境地，从而阐述自己基于价值观的选择，把自己的品格展示给面试官看，自然就能够打动面试官，赢得面试官的青睐。在时间充裕的情况下，除了要陈述故事的情节脉络之外，还可以给故事添加血肉，让故事更加饱满，更加生动。总而言之，我们要用故事体现价值观，也要用故事呈现出真实的自我。

以故事润色自己的不足

在面试的过程中,尽管我们要最大限度地放大自己的优势和长处,却也不能故意掩盖自己的缺点和不足。俗话说,金无足赤,人无完人。每个人都不可能是十全十美的,既然如此,即使我们对自身的不足避而不谈,面试官也非常肯定我们必然有短板。也有些面试官好奇心十足,会询问求职者有什么缺点。对于这个问题,求职者往往不知道该如何回答,实话实说,担心会被淘汰;刻意掩饰,又担心会被识破;把自己说得特别完美,自然骗不过阅人无数的面试官。实际上,只要讲好短板故事,我们就能回答这个难题,而且不会影响自己争取到心仪的职位。

不可否认的是,当着面试官的面剖析自己,坦陈自己的缺点,的确是一个很棘手的问题。对于这个问题,求职者们八仙过海,各显神通,给出了各种脑洞大开的回答。在网络上,还有人专门搜集了这个问题的答案,如"我的缺点是秃顶""我的不足是太过认真""我的瑕疵是没有考上清华大学"等。不得不说，这些回答带着回避的态度，很难让面试官满意。其实，面试官既然提出了这个问题，就是想要得到真诚坦率的回答，从而考察求职者。如果求职者顾左右而言他，就会给面试官留下虚伪的印象，得不偿失。

换一个角度想，求职者如果能够得到相应的职位，就会与面试官变成同事，在长久的相处中必然会暴露缺点。如此一想，煞费苦心地掩饰自己的缺点和不足是没有必要的。再转念一想，面试官必然也有缺点和不足，对自爆短处这件事情，求职者就不会如此紧张和慌乱了。具体来说，在回答这个棘手问题时，求职者首先要足够真诚，足够坦诚，坦率地面对面试官，面试官也会感受到被信任，很愿意信任求职者。在冷静理性地剖析自己之后，求职者很容易就会发现自己的缺点和不足，如热情有余，韧性不足；过于吹毛求疵，往往会因为一些小问题对同事感到不满；擅长感性思维，却缺乏理性思考，所以需要很富有理性的团队伙伴……相信当求职者给出恳切的回答，面试官一定会认为求职者是可信赖的，也是值得聘用的。当认识到求职者具有自我反思的精神时，面试官也会对求职者留下好印象。毕竟，每个人在生活和工作的过程中都会犯各种各样的错误，如果没有自我反省的精神，不能及时意识到自己的错误，就会导致一错再错，一错到底。因而对任何人而言，先要觉察和反思自己的错误，才能积极地改正自己的错误。借助阐述自身不足的机会，求职者正好可以表现出自我反思精神，赢得面试官的好感。

与此相反，如果求职者没有足够的勇气面对自己的缺点和不足，而是怀着一颗玻璃心，那么未来在工作中时即使遇到小小的困难和挫折，也会无力承受，无法面对。显然，任何组织机构都不愿意聘用这样的员工，因为员工必须经受得起风浪，才能与组织机构一起经历风雨，共同成长。

在这个意义上，求职者恰恰可以通过暴露自身不足的方式，赢得面试官的信任。相信每一个面试官都会清楚地认识到，有问题不可怕，不能意识到问题的存在，或者不能以积极的态度面对和解决问题，才是最可怕的。

在阐述自身不足的过程中，虽然要对面试官坦诚相见，但不要暴露自己的致命弱点。即使知道自己有严重的不足，只需要偷偷地改进，积极地提升就好。在面试过程中，最好的做法是暴露出一个不那么严重的弱点，也可以暴露一个已经改进过的弱点。这样一来，就能给面试官留下正确面对不足的好印象。

那么，到底哪些弱点是需要避免阐述的呢？例如，职场通识方面的致命弱点不能暴露，诸如情绪问题、墨守成规等，都在这个范畴之内。所有的组织机构都想借着招人的机会注入新鲜的血液,自然想要纳入坚持创新、勇于尝试的新员工。此外,不要暴露对应聘职位而言不可弥补的缺点和不足。例如,一个对数字不敏感的人不应该应聘会计工作或者是与数据有关的工作,因为对这些类型的工作而言,对数字不敏感就是致命的缺点。对数字不敏感的人可以应聘文字类工作、艺术类工作,因为这种类型的工作很少需要与数字打交道。

最重要的在于,不管暴露哪些缺点和不足,都不要纠结缺点和不足本身,而要侧重于讲述自己对这些问题的解决方案,以及已经取得的改变和进展。唯有如此,面试官才会看到求职者的可塑性,也对求职者建立信心。

对求职者而言,在暴露自身缺点和不足的过程中,可以以故事为载体,从而引导面试官的潜意识,给面试官留下良好的印象。否则,面试官一旦只关注缺点和不足,就会给予求职者很低的评价。另外,还要在合适的工作岗位上发挥自己的长处,避开自己的短处。当然,在寻找与自身匹配的工作时,就应该注意到这一点,也应该侧重于表现这一点。

从辩证唯物主义的角度看,任何事情都有两面性,既有积极有利的一面,也有消极不利的一面。在阐述自身的不足时,看似是在暴露自身的弱点,却可以预先找到合适的方案解决问题，就相当于给自己的弱点穿上了可控的外衣。只要恰到好处地运用弱点，弱点就能发挥积极的作用。任何时候，逃避都不能解决问题，只有勇敢地面对，积极地应对，才能转化弱点为优势。

第五章
人在职场,故事力不可缺少

现代社会中,职场上的竞争越来越激烈,每个人都要发挥故事表达力,讲好故事,才能成功地用故事打动人心,赢得同事的信任和上司的赏识。通常情况下,人们认为职场上拼的是实力,正因如此,故事表达力才会成为我们的与众不同之处,帮助我们从济济人才中崭露头角。

不要让改变成为空降兵

整个世界都处于日新月异的变化之中，每个人都必须改变自己，才能适应外部的环境，才能跟上时代发展的脚步。然而，突如其来的改变往往让人感到无法适应，在这种情况下，我们就需要对自身的改变作出解释，才能让他人相信我们的改变是理所应当发生的，才能对我们留下良好的印象。尤其是在职场上，一旦给上司、同事留下刻板的印象，改变就更是需要充分的理由。

在解释改变的原因时，如何才能得到他人的信任呢？越是较大的改变，越是会让人无法接受，也不愿意相信，在这种情况下，只有给出充足的理由，才能让改变顺理成章。例如，一个程序员被裁员，没有找到自己擅长的编程工作，因而想要开一家工作坊，专门教孩子编写程序。等到工作坊开张之后，作为老板的程序员被问起为何会转行，毕竟编写程序的工作与当孩子王很不相同。面对这样的问题，程序员应该怎样回答呢？如果老实本分地回答自己是被裁掉的，必然会引起客户的疑

第五章
人在职场，故事力不可缺少

虑，使客户担忧该程序员的专业能力水平，是否能够担任起教孩子编写程序的职责；如果坦然地告诉客户自己只是因为没有找到其他合适的工作才开了工作坊，相信客户一定不会选择把孩子送给这样的老师。可见，如何解释自身的改变，是一个有相当难度的问题。

改变是客观发生的，人之所以会作出改变，必然是有动机的，或者只有一个动机，或者有很多动机在综合发挥作用。我们可以把动机区分为内部动机和外部动机。内部动机往往是主观的，如不喜欢某个行业，或者不喜欢某份工作，甚至是不喜欢上司或者同事，都有可能是我们作出改变的理由。外部动机通常是客观的，如单位离家太远，家人调动到另一个城市工作，单位裁员，工作需要经常出差等，这些都属于外部动机。很多人在对自身的改变作出解释时，压根没有区分清楚自己是因为内部动机还是因为外部动机才作出改变的，有些人会觉得自己改变的原因有些牵强，因而不好意思如实相告。

对于内部动机和外部动机，我们要准确地区分，也要知道它们最大的不同之处。对任何人而言，只有具备内部动机才能积极地作出改变；如果只有外部动机，改变的动力也就是暂时的，且不够强大。同样的道理，一家公司要作出改变，也需要内部动机，而外部动机只能起到辅助作用。在这个意义上，我们必须先明确自己到底是因为什么才决定作出改变的,才能把讲好属于自己的改变故事。

与其把改变归结为外部原因,不如归结为内部原因,这是因为和暂时发挥作用的外部动力相比,内部动力是源源不断的强大力量。当我们以内部动机解释自身改变的原因,别人就有了充足的理由相信我们。内部动机产生的内部力量有着多种多样的形式,如爱与自由,想要获得归属感,想要实现人生的价值和意义,学会一门傍身之技,坚持内在成长和自我完善等,这些都属于内部动机的范畴。在马斯洛的需求层次理论中,这些动机都处于金字塔的顶部,因而能够激发人产生内部动力。直白地说,所谓内部动机,指的是即使不能够获得诸如金钱、权势和名利等身外之物,也依然会坚持做自己想做且喜欢做的事情。例如,一个全职妈妈突然决定开一家花店,不是为了赚钱,而是为了实现自我价值;一个积极上进的学生坚持为同学们服务,不是为了得到他人的赞许,而是这样的付出令他感到快乐和满足。这就是更高层次的人生追求和人生需求,也是内部动力的来源。

一般情况下,每个人决定做一些事情时既有外部动力,也有内部动力。然而,必须具有内部动力,即为了实现伟大的梦想和理想而不懈努力,才能与听众产生共鸣。此外,也可以讲述那些所有人都害怕和恐惧的生命历程，如失去、死亡等，同样能激发听众的情绪，让听众和我们一起沉浸在相同的心境中。

一言以蔽之，在把自己的转型故事讲给面试官、潜在客户、家人朋友听的时候，一定要侧重讲述把外力转化成内力的过程。只有重点强调内因，刻意地削弱外因的作用，转型故事才会更加丰满，有血有肉有感情，既能成功地打动面试官和潜在客户，赢得他们的信任，也能成功地激发起家人和朋友的共鸣，使他们从反对变为支持我们转型。

用独到的方式证明自己的实力

人在职场,面对日益激烈的竞争,必须使出十八般武艺,才能站稳脚跟,为自己赢得一席之地。对于每一个职场人士而言,当务之急就是证明自己的实力,把自己独特的价值展示给同事、领导。如果只有转变的动力,而没有转变的实力,不能成功转型,那么即使把转型故事讲得很动人,也只能感动自己。归根结底,职场上是以结果为判断标准的。一切曲折离奇的过程,必须拥有完美的结果,才能真正地感动他人。有一部纪录片叫作《燃点》,讲述创业者故事。在这部纪录片中,呈现了很多创业者全身心投入,全力以赴开创事业的过程,感动了很多观众。即便如此,依然有人提出疑问:如果没有燃料,只有燃点,创业真的能够成功吗?的确如此。要想成功转型,要想在创业的道路上获得成就,就必须既有燃点,也有燃料。

对于转型者而言,最大的困难在于进入全新的领域,既没有专业知识作为支撑,也没有丰富的人脉资源提供助力。可想

第五章
人在职场，故事力不可缺少

而知，作为圈外人的我们在进入新领域后必然会感到迷茫，不知道从何处着手。虽然在此前的行业中积累了丰富的经验和人脉资源，但此时此刻，这些经验和人脉资源完全没用。和新领域中的大咖相比，我们没有显而易见的优势；和刚刚毕业的大学生相比，我们又缺乏了热血和闯劲。既然如此，用人单位为何要选择我们呢？我们到底有怎样的与众不同之处呢？我们必须记住，情怀是不能真正感动他人，让他人毫不迟疑选择我们的。归根结底，我们必须为用人单位创造价值，才能成功赢得他们的关注和青睐。

转型故事有一个亮点，即把曾经的闪光点迁移到现在的新领域中，结合此前的故事元素，创造一个崭新的转型故事。这个转型故事不但要能打动听众，更要能表现出我们独特的价值。只有做好这两个方面，我们才能用转型故事打动他人，也才能为自己成功转型打好基础。

小松担任教师工作三年，积累了一定的教育教学经验。然而，从学校辞职，背起行囊到了北京之后，却发现只凭着些许的教学经验，很难找到满意的工作。在几次三番碰壁之后，为了生存，小松只得再次应聘教师岗位。然而，现实远远比他想象得更加残酷，在北京这个大城市里，很多年轻人的学历比他高，观念比他先进，却也在和他竞争教师岗位。一个偶然的机会，小松听老乡的建议，改变了想法，想要进入门槛相对比较低的二手房销售行业，开启人生的新篇章。

果然，小松很容易就进了二手房销售行业，成为一名房地产经纪人。他很清楚，这个行业入门门槛低，公司只为新人提供三个月的基本薪资，等到三个月试用期过后，所有人都必须依靠销售二手房的提成生存。这意味着如果没有销售业绩，哪怕整个月都在努力辛苦地工作，也不会有任何收入。小松感到前所未有的压力，每天都主动学习二手房的专业知识，想方设法地拓展客户资源。周六，小松值班，接待了一对年轻的夫妻。这对夫妻购房的需求很明确，即要求首付不超过一百万元，房龄不超过十年，最好是小三房或者大两房。小松很有信心为他们找到合适的房子，这时，年轻的妻子突然问小松："小松，你年纪轻轻，曾经是教师，为何会想到做现在的工作呢？"小松想了想，诚恳地对客户解释道："我之前当老师是在老家的小县城，可一辈子待在小县城的学校里多少有些不甘心，所以就辞职了。我也没想到大城市的竞争这么激烈，别说换其他工作了，就连再应聘教师都很难。后来，老乡告诉我销售行业特别锻炼人，只要肯吃苦，用心对待每一个客户，就能提高业绩。我孤身一人在北京，一切只能靠自己，我想这也许是我安家北京的捷径。虽然辛苦疲惫，但是靠着努力吃饭，又能用专业知识为客户安家，我觉得还是很有成就感的。在经过一段时间的学习和实践后，我发自内心地爱上了这份工作。"客户由衷地对小松竖起大拇指，说："放心吧。我们就是你的忠实客户，能有你这样的高素质的房地产经纪人服务，我们感到很幸运。"

很快，小松就为客户找到了合适的房子，在整个交易过程中，他一边实践一边学习，快速地成长起来。在客户搬家时，小松还很用心地为客户挑选了礼物。客户对小松的评价非常高，还为小松介绍了好几个有购房需求的客户呢！

对小松而言，这次转型无疑是成功的，进入了职业发展的全新领域，也因为讲好了转型故事而打动客户，顺利地赢得了客户的信任。正因如此，他才能在很短的时间内就崭露头角。

在漫长的职业发展旅程中，一个人很难坚持从事同一个行业或者同一份工作。随着外部环境的变化，以及个人思想观点的改变，人总是会在实践过程中摸索着尝试从事新行业，在此过程中挑战、突破和超越自己。毫无疑问，这个过程是非常艰难的，但只要始终怀着必胜的信念，始终坚持不懈地尝试和努力，就一定能够获得最终的成功。当然，一定要讲好自己的转型故事，才会打动其他人，赢得其他人的尊重和信任，让我们的转型之路获得助力。

第五章
人在职场,故事力不可缺少

锦上添花,不如雪中送炭

人人都喜欢锦上添花,在他人春风得意的时候献殷勤,而只有用心的人才能够真心诚意地为他人着想,为他人雪中送炭。正因如此,雪中送炭才显得弥足珍贵。其实,一个人在志得意满的时候会得到很多荣耀和关注,因而对他人的锦上添花是不会放在心上的。相反,当遭遇困境、磨难,甚至身处绝境无法摆脱时,人们会感受到绝望、沮丧等负面情绪,甚至还会因此失去希望。既然如此,他们当然想要得到他人的援助,对那些真正对他们伸出援手的人,他们就会牢牢地记在心间。从这个角度看,要想与他人建立良好的关系,要想赢得他人的好感和信任,与其锦上添花,不如雪中送炭。

人在职场,每个人都承担着自己的分内工作,常常会在工作的过程中遇到挑战。如果仅凭着自己的力量就能攻克难关,自然就能给自己加分。但是,如果不能,就要学会向他人求助,与他人合作,也要把自己的力量融入团队的力量之中,成就自我。

无疑，每个人的人生都是一个故事，每个人都活在独属于自己的故事里。我们的一言一行、一举一动，都带着自我故事的意味。在生活中，在职场上，想要说服他人，让他人接受我们的观点，我们就要让自己的故事与他人的故事产生交集。否则，两个故事如同平行线永不相交，讲故事也就变成了自顾自地说话，不可能对他人产生任何影响。当我们的故事与他人的故事产生交集时，我们切勿以自我为中心自说自话，而是要构造新的故事模型，以他人为中心，营造出"雪中送炭"的氛围。令人惊奇的是，这个新的故事模型放之四海而皆准，推销员能够成功地推销商品，下属能够成功地把自己的观点"卖"给老板，说服变得很容易。

那么，雪中送炭的氛围究竟是怎样的呢？即听众原本顺心如意，在某一天陷入了困境之中，必须得到你的帮助才能摆脱困境。需要注意的是，在这个故事中，需要帮助的不是讲故事的人，而是听众，这就意味着伸出援手的是讲故事的人，得到帮助的是听故事的人。

由此可见，整个故事是以一个突如其来的难题为出发点的，在冲突越来越剧烈时，随着问题迎刃而解就达到故事的高潮。在此过程中，故事渐渐具备了完整的要素，成为一个连贯的故事，有框架，也有血肉。当讲好这个故事，我们就可以赢得他人的信任和支持。人在职场，所有人都需要完成汇报工作的任务，否则一味地埋头苦干，还得不到自己想要的结果。在向上司或者老板汇报工作时，就可以采取讲故事的方式。只要故事讲得好，汇报工作就能起到预期的效果。反之，如果故事讲不好，汇报工作就会事与愿违。

首先，要交代事情发生的背景，即进行大环境的铺垫，介绍人物的详细情况，以及人物当时的心理动态。只有先介绍背景，情节的发展才能水到渠成。在本质上，讲故事就像是马拉车，马决定了车子的最终去处。在讲故事的过程中，应该以听众为中心，洞察听众的内心，才能说服听众。如果讲故事的人以自我为中心，就会被自我的主观意识困住，丝毫没有意识到听众的心理和情感需求，必然导致事情的结果不符合预期。

人是主观动物，绝大多数人都会沉浸在自己的主观世界里，围绕着自己而活，因而提出的观点和想法等都带有强烈的主观色彩，这使人们在讲故事的过程中一不小心就会陷入自己的故事中，无法自拔。必须先意识到自己的主观局限性，才能有意识地摆脱主观局限性，才能站在听众的角度上，以激发听众的动力为目的开始讲故事。真正做到这一点，讲故事就迈出了成功的一大步。

洞察他人的需求

要想故事受人欢迎，要想用故事打动他人的心，我们就要洞察他人的需求，继而满足他人的需求。否则，讲故事就会偏移重点，无法讲到他人的心坎里，更不可能令他人产生共鸣，或者打动他人。每个人都有需求，有人注重追求物质的满足，有人注重获得精神的升华，有人想要得到情感的慰藉。不同的人有不同的需求，影响讲故事的因素有很多，听众是其中最重要的影响因素。要想把故事讲好，我们首先要了解听众，知道听众的喜好，洞察听众的内心，这样才能把握听众的精神和情感需求。

人心，是世界上最复杂、最难以猜测的。且不说作为外人，我们能否真正了解他人，只怕连自己都不甚了解。正如前文的雪中送炭，关键在于洞察老板或上司的核心需求，准确地把握住他们的痛点，这样就能有的放矢地给他们送去温暖。反之，如果在炎热的夏季里给老板送炭，那么老板非但不会感谢我们，反而会责怪我们呢！关键就在于雪和炭，离开了寒冷的气候，雪中送炭就不显得可贵。

如何才能准确地获悉同事和老板最渴望得到的是什么呢？我们可以借鉴以下的方法，这些方法都经过时间的验证，被证明是卓有成效的。

第一种方法，高效沟通。人与人之间相处，每个人也许知道自己的需求，却很难知道他人的需求，除非特别了解和熟悉对方。如果想要知道老板的需求，就要询问老板。这样直截了当、开门见山的方式，避免了互相猜忌，也避免了误解的产生。需要注意的是，直接询问对方"你的需求是什么"并不是个好主意，我们可以换一种方式，如问老板"老板，咱们公司在下半年的主要目标是什么"。如果真的不知道自己应该怎么做，也可以问问老板"我可以做些什么"。面对这么积极主动的员工，相信老板一定会耐心地回答问题，既消除员工心中的疑惑，也为员工指明方向。

当然，沟通的形式是多种多样的。除了当面和老板交谈外，还可以采取写邮件、发微信、参加会议等多种方式。在很多非正式场合中，如餐桌上、私人举办的聚会中，老板会更加放松，也更愿意敞开心扉。

第二种方法，钻研法。实际上，要想了解公司的情况，并非只有询问老板这一种方法可以使用。公司的情况会通过各种渠道反映出来，如公司会在内部刊物上刊登的一些重要信息，公司的公众号上也会公布一些消息，很多公司还有内网新闻等。如果用这些方法还没有得到想要的信息，不妨询问同事，或者以旁敲侧击的方式得到更多消息。在全面了解公司信息后，我们不妨假设自己是老板，坐在公司的第一把交椅上，设身处地地思考老板会想些什么，又会有哪些烦心事。

第三种方法，验证法。古人云，伴君如伴虎，这充分说明古代的大臣们陪伴在皇帝身上每时每刻都提心吊胆，既不能大张旗鼓地讨论君主的真实意图，又不能丝毫不了解君主的思想动向，所以只能揣测君主的心思。在有了一定的猜想后，是不能直接询问和求证的，只能结合很多因素进行综合思考和判断，最终抓住合适的机会加以验证。

在工作中，即使作为普通员工，有机会也要搜集关于老板的信息。在初步断定老板的真实需求和痛点之后，就可以有针对性地设计方案，尝试着帮助老板解决问题。如果能帮到老板，就证明我们的方向是正确的。反之，如果没有帮到老板，就要换一个方向继续深入思考和钻研。相信只要持之以恒，就一定能够为公司的发展贡献自己的力量，为老板排忧解难。

每个职场人士都需要满足自己的需求，也需要实现直接的利益。在大多数组织机构中，权利的等级还是很分明的，因而在很多情况下，脑袋是由位置决定的。因为身处特殊的位置，所以我们会与其他同事产生利益冲突，这是难以避免的。有些职场人士私底下是关系要好的朋友，在工作的场合却会为了利益争得面红耳赤。遇到这样的情况，该怎么办呢？其实，每个人都想一团和气地工作，又不想因此损害了自己的利益，那就让自己的故事与他人的故事产生交集，实现共赢。否则，即使现在能凭着三寸不烂之舌说服他人，未来也不可能永远充当他人故事的主角。人在职场，很多事情身不由己，要想走好职业发展的道路，让自己的人生获得更大的舞台，就要学会跳出限制和禁锢自己的框架，正所谓海阔凭鱼跃，天高任鸟飞。

好领导要会讲故事

在职场上,求职者需要用讲故事的方式介绍自己,员工需要用讲故事的方式汇报工作或者说服领导,领导也需要会讲故事,因为只有会讲故事的领导才是好领导。通常情况下,领导会板起面孔训斥员工,也会直截了当给员工下达很多命令或者需要完成的工作任务,简单粗暴,效果令人担忧。领导学会了讲故事,就能对下属晓之以理,动之以情,成功打动下属,影响下属。由此可见,会讲故事的领导魅力无穷。

众所周知,马云是互联网大咖,他创办的网络商业帝国改变了人们的购物模式和生活方式。为此,有些人认为马云有着常人所不及的过人之处。然而,熟悉和了解马云的人知道,马云最擅长的就是讲故事。当然,这并非意味着会讲故事就能像马云一样获得成功,但要想有所成就,会讲故事能让我们如虎添翼。无数事实证明,好领导首先得是讲故事的高手,才能发挥故事表达力,在不知不觉间影响他人,引导他人。

看到这里,也许有人会感到纳闷:我从未听过领导讲故事，更不知道好领导必须学会讲故事啊！这只能说明一个问题，那就是他们遇到的领导都是直接狭隘的命令型，从来不会耐心地向下属解释，也不会考虑下属的情绪和感受。其实，大多数传统型的领导都是命令型，他们所理解的领导工作很简单，只需要用四个字上传下达——就能概括。他们就像是组织机构中的传声筒，对上听从命令，对下传达命令。然而，管理工作可不是这么简单的，如果只是做这些管理实务，就意味着管理工作是失败的。真正优秀的领导会用心观察下属，也会想出各种办法让下属心甘情愿地接受命令，执行命令，讲故事这时就派上了大用场。

没有人愿意被强制做一些事情，而更愿意发挥主观能动性，积极主动地做一些事情。既然如此，领导者就要通过讲故事的方式，让下属从抵触执行命令到主动执行命令；从抵触某项工作到发自内心地热爱某项工作。在这个世界上，人心是最复杂的，也是最难以琢磨的。领导者不但要知晓自己的心意，更要了解下属的真实想法，这样才能把话说到下属的心里，才能让下属主动配合完成相关工作。在更高的层次上，这么做能够激发下属的内部动力，让下属产生更高的理想和志向，即实现生命的意义，正视自身的价值，获得心灵的满足。

命令型领导自古有之，从《论语》中就可以得到验证。

《论语》记载:"民可使由之,不可使知之。"这句话的意思是,要让平民百姓在领袖的指引下前行,但没有必要让平民百姓知道为什么要这么做。在两千多年前,这样的领导方式也许是可行的,毕竟当时普通的老百姓蒙昧,思想没有完全开化。可在现代社会中,老百姓的思想观念越来越先进,民主意识也越来越强,如果依然强制老百姓必须做某些事情,却不告诉老百姓理由,就很有可能引起百姓的对抗和抵触,根本行不通。

作为领导,要知道自己的内在动力是什么,也要明确自己想要成为怎样的领导,带出怎样的团队。唯有明确这些方面,领导者才能有清晰的个人发展目标,也才能有明确的职业发展思路。领导者必须先搞明白自己的故事,才能用讲故事的方式影响下属。很多领导者身居高位,就更要借助故事表达力提升领导力。

对领导者而言,可讲的故事有很多,既可以讲与自己有关的故事,也可以讲与公司相关的故事,还可以讲富有哲学意义的故事。不管属于哪个层面,都会起到相同的作用和效果,即影响周围的人,包括下属、上司、消费者和客户等。不管是在生活中,还是在职场上,每个人都要与身边形形色色的人打交道,都生活在错综复杂的关系网中,这一点是无法改变的。在这个意义上,越是高层领导者,越要以讲故事的方式把企业的使命和愿景都变成现实。

毫无疑问，讲故事不是领导者的主要工作，更不是领导者的唯一工作，只是领导者的一种有效沟通方式，面对不同的工作场景，面对不同的沟通对象，领导者要有的放矢地选择不同主题的故事，以实现最佳沟通效果。例如，领导者新官上任，需要向团队成员介绍自己；看到团队业绩低迷，领导者需要给团队成员鼓气打劲；看到团队士气低迷，领导者要带着团队成员憧憬未来，从而激发出成员的斗志和热情……不管想要实现怎样的目的，沟通都是必不可少的，既然需要沟通，也就需要讲故事。

尽管故事的形式千变万化，故事的内容多种多样，但是，领导者始终要把握三个主要问题，才能让故事万变不离其宗，实现预期的目的。这三个主要问题，第一个是你是谁，第二个是你来这里做什么，第三个是你想要去哪里。换言之，第一个问题是介绍自己，或者自己任职的公司，从而实现与求职者之间的双向选择。第二个问题是阐明自己出现在这里的原因，告诉听众自己的真实目的，是投资，还是销售商品，抑或是寻求合作。第三个问题是表明自己的目的，描绘愿景。人人都有远大的目标，只是确立目标还远远不够，还需要把通往目标的道路指给下属看，才能激励所有下属齐心协力地朝着共同的目标努力。总之，讲故事从来不是一件简单容易的事情，讲好故事更是难上加难。领导者必须要解决这三个问题，才能让故事合情入理，发挥作用。

第五章
人在职场，故事力不可缺少

用故事传递企业文化

每一家企业都有独属于自己的企业文化，企业文化无形无声，却始终在引导员工的精神，规范员工的行为，指导员工的思想。企业文化不是朝夕之间形成的，而是随着企业的成长和发展渐渐凝聚而成的。此外，领导者的经营理念、为人处世的理念，也会影响和主导企业文化的形成。在招聘人员时，不管是领导者，还是管理者，都想在新员工入职之后，尽快地引领新员工理解和接纳企业文化。当新员工发自内心地接纳企业文化，认可企业文化，才会真正地融入企业，按照企业的规章制度做人做事。

作为领导者，不但要告知员工如何正确地做事，当员工不愿意全盘接受领导者的指导和要求时，还要与员工展开讨论，最终确定到底应该以怎样的方式做事。在这个过程中，他们还会关注并深入讨论细节，因为尽管细节很不起眼，往往也不受关注，可起到的作用却是非常强大的。

对技术工作，领导者能够以具体的标准做出规范，但是对销售、客服等服务工作，领导者很难明确地给出解释。通常情况下，员工的精神和价值观，决定了他们会形成独具个性的工作方式，做好诸如销售、客服等工作。在工作的过程中，还会受到企业文化的影响，在漫长的时间里，渐渐地把自己的精神和价值观与企业文化糅合，最终形成独特的工作模式和工作理念。

诸如销售、客服等工作面对的是形形色色的人和千变万化的事情。作为领导者，根本无法概括所有的情况，为员工提供一本标准作业程序手册。基于这一点，就只能引导员工有深度地理解企业文化，坚持服务客户的精神。如果员工真正理解了服务客户的企业经营理念，就能够应对包括突发情况在内的各种复杂情况。反之，如果员工不能理解，就会在情急之下，或者是面对意外情况手足无措的情况之下，做出违背企业精神和企业文化的举动。和给员工一本企业手册相比，对员工讲述一个能够传递价值观的故事将会起到更好的效果。

作为一名培训师，艾米经常会给一些企业的员工培训，其中，与业务部门的员工打交道最为频繁。在给服务人员培训的时候，艾米侧重于教他们做好客服工作。当然，只是以概括性的语言告诉员工应该注意哪些事项显然是远远不够的。客服工作的本质是非常琐碎的，因为面对着变幻莫测的人心，所以要更加敏感周到，才能把工作做到位。

为了让参加培训的员工更加全面地认识客服工作，也更加深入地领悟客服工作的真谛。有一次，艾米讲了一家服装店的销售员为了满足客户的需求，提前一小时开门，为客户熨烫好衬衫和领带的故事，使参加培训的员工们深受感动。他们当即想到自己也曾经有过很着急无助的时刻，在这种情况下，如果有人能够急自己之急，就一定能够给自己留下良好的印象。

这个故事启发了参加培训的员工，艾米趁机引导员工们展开讨论，重点在于明确什么是客服工作的内容，什么是服务于客户的精神。经过这次培训，员工们对待工作的态度变得明显不同，每当遇到那些气急败坏的客户，或者提出不情之请的客户，他们就会设想对方一定遇到了自己无法解决的困难，所以才会这么急迫地求助。

通过讲故事，艾米圆满地完成了这家企业老总交代给她的任务，即让所有员工明白什么是服务于客户，什么是客服应该具备的精神。出乎老总的预料，这次培训不但让员工们以更细致的方式服务于客户，就连同事之间的相处也变得更加礼貌周全，大大降低了同事之间发生矛盾的概率。

听上去，企业文化是抽象的词语，高大得令人触摸不到。实际上，任何领导者都要肩负起传承企业文化的重任。常言道，铁打的营盘流水的兵。在企业中，领导班子也许会更替，但是企业和企业文化却始终存在。只有每一届领导者都做到代代传承，能把企业文化发扬光大，企业文化才会影响每一个员工，才会决定企业的命运和未来。

即使在同一家企业里，以共同的企业文化作为成长的沃土，不同的领导者的沟通风格也是不同的。例如，华为的领导者任正非特别喜欢给员工写邮件；而作为阿里巴巴的创始人，马云就特别喜欢讲。其实，不管是讲，还是写，都是在用不同的方式讲故事给员工听。在业界，任正非于2000年写给华为员工的一封邮件广为流传，在这封邮件里，面对当年高达220亿的销售额，任正非却很认真地和员工谈论起经营危机，谈论起成功与失败。正是因为任正非以这样的方式激发员工的危机意识，华为的所有员工才能居安思危，迎接挑战的到来。

总之，作为管理者，一定要比普通员工站得更高看得更远。俗话说，人无远虑，必有近忧。对个人而言，人生就是一盘棋；对企业而言，经营和发展更是一盘大棋。我们不但要下好属于自己的人生之棋，一旦坐上管理者的岗位，还要下好属于组织机构的一大盘棋。唯有把企业文化落到实处，把企业文化融入每一个故事中，管理者才能把企业文化种植在员工的心中，让企业文化成为员工的指明灯。

第六章
让故事打动人心，让销售水到渠成

在各行各业中，销售行业无疑是极具挑战性的。销售的本质是凭着三寸不烂之舌，打动客户，让客户心甘情愿地掏钱，为自己看中的商品或服务买单。因为商品的价值不一样，所以销售不同商品的难度是不同的，但所有的销售工作都有一个共同点，即唯有以故事打动人心，销售才能水到渠成。

讲得早，不如讲得巧

讲故事要把握时机，只有在正确的时间讲故事，才能发挥最大的作用；如果在不合时宜的时候讲故事，则很有可能事与愿违。对销售人员而言，如何在复杂的销售过程中把握最佳时机讲故事，这是很重要的沟通技能。随着互联网的普及，曾经面对面的销售方式彻底改变了，在虚拟的互联网世界里，人们也可以借助各种聊天工具讨价还价，促进交易达成，所以销售不但要口若悬河地推销商品，还要能文能武地把语言转化为书面文字，通过网络发送给屏幕后面的客户。

销售是一个线性的过程，需要按照时间顺序依次践行不同的步骤，才能完成整个销售流程。然而，因为售卖的商品不同，因为承担销售任务的销售员不同，因为面对的销售对象不同，所以不同的销售会呈现出不同的状态。例如，卖水果、蔬菜等商品的人很快就能完成挑选、称重、收款的过程，一气呵成，特别流畅；再如，卖基站的人则不可能在短时间内达成交易，这是因为涉及的金额巨大，需要不止一个人拍板，所以成功地卖出基站往往需要漫长的时间。又如，在很多生产手机的企业中，负责销售的人往往需要一年半载才能与运营商沟通成功，签订订单。不管销售的过程是快还是慢，在销售的不同阶段，销售人员面临着不同的挑战。在这个方面，如果销售人员想要通过讲故事的方式促成交易，就要以具体情况为依据选择不同的内容和表现形式，还需要选择不同的核心价值观。不管讲什么故事，只要能够达到目的，讲故事的人就尽到了责任。

要想顺利完成销售工作，需要先开发客户。从事销售工作的人都很清楚，要想签单，就必须有准客户。然而，并非所有客户都是准客户，这就要求发掘更多的客户资源，才能从诸多客户中识别有购买意向的客户，从而有针对性地进行推销。每到节假日，大街上的人川流不息，很多发小广告的人就会朝着行色匆匆的路人手中递小广告。有些是游泳健身的，有些是拉贷款生意的，如果拿到宣传页的行人没有这方面的需求，当即就会把宣传页扔到垃圾桶里，或者漫不经心地塞到别处。反之，如果恰好有这些方面的需求，他们就会收好宣传页，等到有空就按照宣传页上的电话进行联系。

短头发的人每隔一段时间就要去理发店，对很多人而言，理发的过程并不愉快。这是因为理发店的洗头妹或理发师，总是旁敲侧击或者直截了当地游说办理充值卡。殊不知，这样只会让客户感到厌烦，也心生反感。其实，与其客户刚刚进门就开始推销，不如先与客户聊聊家常，套套近乎，拉近关系，再有意无意地提起门店正在进行的充值优惠活动，客户非但不会反感，还会感兴趣地询问。

不管做什么事情，都要讲究时机。正确的时机会助力事情获得成功，而不好的时机则会增加事情失败的概率。凯文·罗杰是大名鼎鼎的销售大师，他写了一本书，叫作《60秒成交术》。在这本书中，他特意提到："作为客户，一旦意识到销售人员即将开始销售说辞，就会毫不迟疑地关闭'心理之门'。"这句话告诉我们，成功的销售是以不被反感为前提的。

销售人员必须明确一个事实，即不管推销的商品是什么，首先需要推销的是自己。当我们成功推销自己，使听众打开心扉，不再排斥和反感我们，销售工作就能顺利开展。反之，对方心门紧闭，即使商品再好也会不为所动，这样的销售是不可能获得成功的。明确了这一点，销售就不会再急功近利地推销商品，而是先介绍自己，给对方留下好印象。

在成功推销自己之后，接下来就要致力于构建良好的客户关系。如果客户明显表现出对自己或者对销售的商品感兴趣的苗头，先不要急不可耐地介绍产品，而是要先介绍公司，也表明自己的心迹，告诉客户自己为何选择从事这个行业和这份工作。这么做能够帮助我们赢得客户的信任,一旦建立了信任关系,自然能够顺利地完成销售任务。

接下来,确定客户的真实需求。很多销售人员一股脑地把自己负责的商品推销给客户,而从来不想了解客户真正需要的是什么,真正喜欢的是什么。这么做会导致糟糕的后果,即销售人员口如悬河地讲了很长时间,也对产品进行了细致的介绍,最终却发现自己并不了解客户的真实需求,只是在白费力气而已。举例而言,客户想要购买的是能够容纳一家六口出行的SUV,可销售人员却一直在推荐只能容纳四人的轿车,这样的销售当然不可能成功。如果销售人员耐心一些,在开始推销之前先倾听和了解客户的真实需求,销售工作的进展就会更加顺利,成功的可能性也会大大提升。

在明确客户的真实需求之后,销售人员才开始推销产品或服务。如果客户正巧需要我们推销的产品,即使客户没有当即购买,我们也要与客户约定再次见面的时间,从而牢牢锁定客户。为了把产品或者服务推销给客户,一味地老王卖瓜自卖自夸是不行的,可以用讲故事的方式呈现出产品的优点。对那些有疑虑的客户,还可以说一说产品不够完美的地方,增强可信性,让客户相信我们说的每一句话。

做好前面的四个重要步骤,最后就是水到渠成地完成交易。这个时候，客户很喜欢产品，也很信任作为销售人员的我们，自然愿意掏出钱包里的钱，购买产品和服务。从销售的五个步骤可以看出，推销自己、构建客户关系、明确客户需求、推销产品或服务和完成交易，这一系列的步骤是环环相扣的，按照内在的逻辑顺次展开和进行。一名优秀的销售人员，不会出现卡顿的情况，而是会预先做好准备，推动五个步骤顺次向前发展。

第六章
让故事打动人心，让销售水到渠成

用故事赢得客户的信任

面对想说服自己掏钱的销售人员，客户总会有不同程度的戒备心。卢维斯是美国著名的心理学家，他曾经说过，任何人在刚刚被说服时都会满怀戒备，因为他们很害怕因为被说服而承受损失。正因如此，大多数人面对说服才会非常警惕，甚至让自己处于封闭状态。尤其是面对陌生人，人的怀疑心理始终存在且难以消除。作为销售人员，我们必须排除万难，想方设法地帮助陌生的客户消除对我们的疑虑，从怀疑我们转为信任我们，到最后愿意和我们达成交易。这是一个漫长且艰难的过程，是对销售人员的极大考验。

其实，如果传统的推销方式不受欢迎，也不能起到良好的作用，不妨采取新颖的方式，通过讲故事让客户放下戒备心。毕竟人人都喜欢听故事，只要捂紧钱袋，就算听故事也不会有什么损失。

销售人员首先要讲好关于自己的故事，即告诉客户"我是谁"。在心理学领域，第一印象在人际交往中起到了极其重要的作用，所有人在面对陌生人时都会考察对方是否值得尊重和信任。对此，很多人混淆了概念，认为只要大力吹嘘自己，就能得到他人的尊重和信任。其实，这两个问题风牛马不相及。先要建立信任，人们才会产生了解我们的欲望，也才会耐心地听我们讲故事，继而尊重我们。反之，如果人们对我们的第一印象很糟糕，认为我们说的每句话都是在吹牛，他们就会失去继续与我们沟通的欲望，也就不愿意深入地了解我们。在这种情况下，自然谈不上尊重和信任。

由此可见，初步建立信任关系，是与陌生人交往的重要步骤。在这个环节中，我们可以用搭讪的方式与对方套近乎，如果对方戒备心很强，还可以通过讲故事获取信任。在建立人际关系的过程中，讲故事的效果立竿见影，堪称捷径。在给他人留下值得信任的良好印象后，才需要展示自己的实力，赢得他人的尊重。对一个健康的人而言，他们不信任没有资质的医生；对一个客户而言，他们不信任不具品牌效力的产品。需要注意的是，在这个世界上，任何人和任何事情都不可能是绝对完美的，我们当然也不例外。与其把自己吹嘘得神乎其神，引人怀疑，还不如把自己描述得更加真实，有血有肉，有优点和缺点，才能增强可信度，也才能以缺点和不足衬托出自己的精神，赢得他人的尊重。在这个阶段，我们很需要一个权威性的故事，塑造自己的权威形象。

在社会生活中，有不同的行业，也有不同的工作。如果客户对我们的工作缺乏了解，就不会认可我们的价值。为了避免出现这样的情况，向客户阐述我们的工作内容，让客户意识到我们的工作很重要，这是很有必要的。例如，很多客户在购买二手房时都会为付给经纪公司的居间服务费而心疼，房子的价值越高，需要支付的居间服务费就越高。为了让客户消除对居间服务费的抵触心理，二手房经纪人很有必要把交易过程中容易发生的风险如实告知客户，也可以讲述一些本公司处理这些风险事故的案例，这样客户就会觉得自己支付这笔钱是物有所值，而不是当了冤大头。

俗话说，隔行如隔山，这句话是很有道理的。现代社会越来越讲究分工与合作，每个人都在坚持深耕自己擅长的领域或从事的工作，自然对其他行业和工作就会缺乏了解。不要想当然地认为所有人都知道我们是做什么的，这是极大的误解。越是专业性强的行业和工作，普通人就越是陌生，所以要想赢得客户的信任，我们先要做好行业普及知识的宣传工作。

尽管工作各不相同，但所有工作的实质却有着异曲同工之处，即为服务的对象解决问题。例如，医生的工作是为患者消除病痛，教师的工作是教会学生各种各样的知识，健身教练的工作是帮助客户解决体型问题，心理咨询师的工作是帮助患者疗愈心理疾病……对我们的工作，不妨用一个故事告诉客户自己是如何为客户服务，帮助客户解决问题的。相信在我们的故事中，客户会产生直观和感性的认知。

在讲述关于工作的故事时，我们依然要牢记讲故事的原则，即聚焦冲突，解决冲突，从而推动故事情节不断向前发展，也树立了自己作为专业人士的形象。与此同时，一定要阐述清楚自己为何从事这份工作，这能让人更了解我们，更了解我们的职业，并为我们的工作赋予更人的意义，也与我们建立信任的关系。

如何催促不着急的客户

在销售过程中，很多销售人员最害怕遇到的客户，就是没钱、没需要、没欲望也不着急的客户。这些客户了解商品就像为了找个消遣时间的乐子，与销售人员沟通就像为了找个人说说话。面对这样的佛系客户，销售人员哪怕非常卖力地推销产品，起到的效果也微乎其微，如果推销得太热情，还有可能把客户吓跑。面对这样的客户，销售人员应该怎么办呢？

不妨换位思考，假设自己是客户，回想自己在当客户时听到的千篇一律的推销，就会发现根本原因所在。大多数销售人员自顾自地介绍着产品的诸多功能和优点，恨不得把产品的先进之处一一演示，也想要把产品夸赞成无所不能的神仙级产品。然而，他们忽略了一件事情，那就是没有了解客户的真实需求。这么做直接导致销售人员说得口干舌燥、眉飞色舞，客户却听得一头雾水，心生厌烦，这就是销售人员的弊病，即以把产品和服务推销给客户作为终极目的，而没有侧重阐述这些产品和服务能够给客户的生活带来怎样的改变。毫无疑问，如此枯燥乏味的推销方式，还不如让客户直接看说明书更有效率。

在销售过程中，如果能够避开这个缺点，销售工作就会获得极大进展，也会赢得客户的认可和接受。

周末，王姐去逛商场。其实，她并没有明确的购物需求，只是借着逛商场的名义打发无聊的时间。毕竟孩子去上大学了，好几个月才会回家一次，丈夫去单位加班了，她既不想独自待在家里，也不想一个人做饭吃，逛商场不但可以找人说说话，还可以在外面吃午饭，可谓一举数得。

到了电器销售的楼层，王姐被一家扫地机器人专卖店吸引住了。这家专卖店推出了一款新产品，是集成式的扫地机器人，可以实现自动换水和自动清洗拖布。王姐饶有兴致地加入了围观的人群，看着销售人员卖力地演示如何使用。等到演示结束，大多数围观者都散去了，王姐还停留在那里。销售人员很机灵，意识到王姐可能想购买，因而赶紧抓住时机，继续细致地向王姐介绍机器人的各种功能。然而，王姐始终没有表达想买的意思，销售人员不由得有些着急了。这个时候，销售经理来到了现场，看到王姐耐心地听销售人员的介绍，知道王姐已经开始对机器人产生了兴趣，只是还没有找到购买的理由而已。

销售经理示意销售人员别说话,她开口了:"这位大姐,一看您就是懂生活、追求生活品质的人。这款机器人是最新款,功能强大,您已经看过我们工作人员的演示了,相信有了很直观的认知。我想告诉您的是,这款集成式扫拖一体机能够改变您的生活模式。我自己也在使用这款机器,以前每次做家务都需要两小时,有了这款机器人,只需要一小时叠被子、整理物品,家里的地面交给它就好,这意味着我们可以多休息一小时,用这一个小时做喜欢的事情,哪怕是睡懒觉也好。尤其是对上班族而言,这款机器人特别友好。平日里,八点上班的人需要六点半起床,才能把家里收拾得干净清爽,有了它,可以七点再起床,甚至可以出了家门再启动全自动扫拖模式。想想看吧,您离开家的时候地面上满是毛絮和头发,下班回到家地面却干净清爽,明亮可鉴。"听了销售经理的这番话,王姐只问了一个问题——"实体店和网店的售价一样吗",在得到肯定的答复后,王姐毫不迟疑地付了钱。

王姐对销售人员的介绍无动于衷,却又为何在销售经理的一番话后下决心购买呢?因为销售人员只是活的说明书,销售经理却为她描绘了拥有这款扫地机器人后的生活,打动了她。

不得不说，销售经理把握住了王姐的心动之处，所以才能成功说服王姐。其实，只要把故事讲好，叩动客户的心，不但可以让不着急的客户迫切地完成购买行为，还能让原本没有意向的客户产生购买需求，完成购买行为。

比起销售人员徒劳的介绍，销售经理成功地与王姐产生了连接，也通过介绍自己的使用体验引导王姐畅想拥有这款机器后的生活。对很多家庭主妇而言，摆脱繁重的家务劳动始终是一个难以实现的理想，如果有一款新产品能够帮助她们减轻家务劳动的负担，她们当然愿意在经济条件允许的范围内购买。

为了让客户产生代入感，销售人员不但可以讲述自己的使用心得，还可以假设自己处在客户的情境之中，面临和客户相同的选择，从而把自己的想法和观点告诉客户，就能够起到引导客户作出决定的作用。总之，对于不着急的客户，一定要找准让他们心动的点，才能让他们毫不迟疑，当机立断。

第六章
让故事打动人心，让销售水到渠成

被拒绝了，用故事消除尴尬

作为销售人员，被客户拒绝可谓是家常便饭。刚刚入职的销售人员面对客户的拒绝未免会觉得尴尬，即使是经验丰富的老员工也不愿意吃客户的闭门羹。但是，既然这种情况无法避免，就要学会面对和接受。其实，在被拒绝的时候，与其尴尬地笑一笑，或者恼羞成怒地与客户争辩，不如学会讲故事。只要故事讲得好，尴尬就能立刻消除。

人们常说，三百六十行，行行出状元。这告诉我们在每一个行业里，只要用心去做，就会有所成就。然而，和其他行业相比，销售行业是很锻炼人的。做销售工作，不可能轻而易举获得成功，更不可能一蹴而就地得到自己想要的结果。不经历若干次的拒绝，一个人很难成为合格的销售人员。在这个意义上，销售人员必须练就厚脸皮，不被客户的拒绝伤害，也不因为被客户拒绝而灰心丧气。只有每时每刻都做好被拒绝的准备，才能迎接客户的挑战，也才能在客户表示反对的时候坚持不懈。那些玻璃心的人不适宜从事销售工作，因为他们的内心非常脆弱，经不起任何打击和磨难。还有些人自尊心过强，敏感自卑，一旦被客户反驳就会觉得丢了面子，也不适合从事销售工作。换言之，在真正开始销售工作之前，我们就要做好充分的心理准备，迎接各种形式的挑战，才能更好地应对挑战。

作为一家企业的高级管理人员，张伟非常优秀，不但拥有超强的业务能力，还能与上下级建立良好的人际关系。不过，张伟也有一个缺点，他不喜欢面对冲突，一旦发生冲突或者与他人意见不一致时，他就会用消极的方式进行抵抗，默默地表达自己的不满。正因如此，老板对张伟不是很满意，建议张伟参加相关的培训，增强情绪管理能力。然而，张伟是企业中的元老级人物，多年来一直担任高层管理者的职位，想要改变是很难的。

有一次，企业要采购大批量的物资，张伟精心设计了采购的方案。作为公司副总，他认为自己的方案肯定会被采纳，却没想到采购部门的负责人委婉地拒绝了。张伟很不理解，几次向不同的领导反映了这个情况，情绪颇为不满。尽管大家都劝说张伟管好自己的分内之事，张伟却又找到采购部门的负责人，不想，这次采购部门的负责人直接拒绝了张伟。张伟勃然大怒，大发雷霆，这时候，采购部门的负责人只说了一句话：

"张总,请您站在我的位置上想一想,这份计划是否可行。"只这一句话,张伟就猛然意识到自己的问题。他很尴尬,也认识到对方完全有理由拒绝他,只好讲述了一个曾经自己因为好心和热心而办了坏事的故事,才算为自己解了围。

人在职场,不管是普通员工,还是身居高位,都有可能因为一些事情遭到拒绝。就像故事中的张伟,作为老员工和老领导,他的确很热心,却超越了自己的职权范围,因而导致自己被接连拒绝。开始时,他用消极的方式发泄不满,后来,他直接发泄,让自己陷入了更加尴尬的境地。幸好,在得到采购部负责人的提示之后,他意识到自己的行为的确给对方带来了困扰。在意识到这一点之后,他当即用讲故事的方式为自己解围,也表达了对对方的歉意,才算圆满地解决了问题。

除了会被同事拒绝,我们还有可能被家人、朋友、客户等拒绝。这是因为不是所有人都会完全接纳我们的所有建议,我们也应该有自知之明,尽量设身处地为他人着想,而不要一味地在主观角度上对他人指手画脚。利用讲故事为自己解围时,我们可以说一些自己的糗事,或者自曝短处,这些都会让别人会心一笑,而不会抓住我们的失误不放。总之,人非圣贤,孰能无过。每个人都有可能因为思虑不周全而有所疏漏,也会因为一时钻牛角尖而犯各种错误,当我们提出不合理的建议而被拒绝时,恼羞成怒或强制他人都不是最佳的选择,只有带着反思的态度及时意识到自己的错误,也用故事缓解和消除尴尬,才能起到更好的效果。

第六章
让故事打动人心，让销售水到渠成

让客户免费为你宣传

每位销售人员都在煞费苦心地拓展客户，给自己打广告，把自己和自己的产品推销给客户，赢得客户的认可和接纳，顺利地完成销售任务。然而，客户是有限的，销售人员之间的竞争异常激烈，每一个销售人员不但要和自己的同事竞争，展开客户争夺战，还要与其他生产同类产品或提供类似服务的公司的销售员竞争，展开市场争夺战。由此可见，销售就是一场没有硝烟的战争，所有的销售人员都要在这个特别的战场上奋力拼搏和厮杀，才能为自己赢得更多的可能性，才能大大提升顺利成交的概率。

俗话说，人多力量大。对销售人员而言，如果只靠着自己的力量打广告，开拓客户，效果必然微乎其微。但是，在电视节目上、网络上打广告的费用极其昂贵，是任何销售人员都无力承受的。在这种情况下，不妨把目光转向客户。不管是已经成交的客户，还是即将成交的客户，抑或是刚刚拓展的新客户，都有可能成为销售人员的宣传员，发挥强大的广告力量。

当然，要想实现这一点，前提是销售人员能够以超强的专业知识和独特的人格魅力吸引和征服客户。在销售领域中，对销售人员而言，最高的境界不是自己为自己宣传，而是让客户主动为自己做宣传。口耳相传，销售人员就拥有了口碑。

通过老客户介绍的方式开拓新客户，与通过其他渠道获得新客户相比有一个极大的好处，就是在老客户的介绍下，新客户很容易对销售人员产生信任感，这使销售人员在推销自己和产品时的阻力大大减小。毕竟，任何品牌的产品只靠着自卖自夸是不会有好口碑的，只有真实使用过产品的用户的评价才是最真实可靠的。在这个意义上，口碑才是品牌的最好广告，也是最强广告。

销售人员哪怕把故事讲得再好，也没有真实的用户为销售人员说几句好话来得有效。这是因为消费者更愿意相信消费者，基于这个原因，美团、饿了么等APP才会鼓励消费者留下真实的评价，给后来的消费者以参考。在淘宝APP上，很多用户也会参考购买者的评价，作为自己是否购买的依据。很多热爱旅游的人，在计划开始一段新的旅途之前，会去相关的网站上看驴友的旅游心得和体会。

在这个世界上，大多数都是普通人，看到普通人讲述和自己相似的故事，我们必然会产生共鸣。这就是故事营销的独特魅力和强大作用。

作为个体的销售人员，也可以学习和借鉴这种故事营销模式，在与客户面对面沟通的过程中，用心地把属于自己的销售故事讲给客户听。相信这些故事一定能够打动客户，也让客户主动把这些故事讲给身边更多的人听，从而实现口碑营销。做好口碑营销，客户就会成为最强大的广告力量，销售员就会拥有自己的品牌。

第七章

精彩的故事，三分靠讲七分靠演

要想讲好故事，只靠着三寸不烂之舌是远远不够的。好故事既要有新颖的立意、巧妙的构思，也要有完整生动的情节、性格鲜明的人物形象。有了好故事作为素材，在讲故事的过程中，更要秉承好故事三分靠讲七分靠演的原则，既用语言赋予故事内容形式，也用声音腔调、面部表情和肢体动作等，赋予故事以鲜活的生命力。

创造和想象，让故事充满画面感

好故事充满了画面感，而创造和想象正是营造画面感的重器。很多小朋友都喜欢听故事，尤其喜欢听童话故事，因为充满想象力的童话故事会把他们带入一个奇幻美妙的世界，在他们的心中或眼前展示一个与现实完全不同的世界。其实，成人和孩子一样需要故事，给生硬冰冷的现实生活带去更多的美好，也营造更多的浪漫色彩。

有人认为，家就是房子，有了房子才有家。实际上，房子与家的本质是不同的。房子是一幢由钢筋、混凝土等建造的建筑物，没有温度，也没有故事；家则是温暖的，充满了爱，充满了烟火气息，充满了柴米油盐酱醋茶的琐事。家，既有让人无比感动的瞬间，也会有鸡飞狗跳的时刻。说起家，不同人的心中会呈现出不同的场景，有些人会想到厨房里的食物味道，有些人会想到爸爸妈妈偶尔拌嘴互怼的欢乐，有些人会想到温暖舒适的床铺，有些人会想到慵懒安逸的沙发，有些人会想到装满食物的冰箱，有些人会想到嬉笑打闹的孩子，而很少

第七章
精彩的故事，三分靠讲七分靠演

有人会想到一幢单纯的房子。房子要想成为家，还需要很多因素，如家人、温暖的床品、独具特色的家具、能够制作食物的家电、美丽的窗帘等。家的温度不仅来自现实生活中积累的经验，也来自我们对家的无穷想象和美好构思。

如果说房子是冷冰冰且不容争辩的事实，家就是放飞的想象力，也是无穷的创造力。由此可见，和事实相比，故事是更有魅力的，因为故事能够创造想象，而事实则必须永远忠于现实。想象创造了画面感，画面感又催生了想象。人们常说，艺术来源于生活，又高于生活。想象创造的画面感，就是高于生活的艺术；而催生想象的画面感，则是以现实生活为基础的人生经验。

一个精彩的故事，就像是在听众的眼前展现了成千上万张图片，这就是故事的画面感。科学家经过研究发现，对于听到的文字信息，人们只能记住大概十分之一的内容。可如果在听的过程中辅以相应的图片，哪怕只有一张图片，人们也能够在图片的辅助作用下记住大概十分之六的内容。正因如此，幼儿才需要看图识字，因为图片能够加深他们对生字的印象，帮助他们更快地记住生字的读音和模样。很多幼儿都喜欢读的绘本故事，正是以图片为主，再配以少量文字进行说明，才能吸引幼儿坚持阅读，激发他们对阅读的热情和兴趣。

人的大脑分为三个部分，即本能脑、情感脑和理性脑。本能脑控制生理功能，情感脑控制情绪，理性脑负责思考。故事营造的画面感，会对情感脑起到直接作用和显著影响。只需要看这个名字，就会知道情感脑是很情绪化的，对信息只会产生喜欢和不喜欢这两种基本认知。在听故事的时候，情感脑也会发挥重要的作用，产生相应的情绪，从而指挥大脑作出相应的反应，即喜欢某个故事就选择接受，不喜欢某个故事就选择排斥。

在这个意义上，讲故事的人要想赢得听众的喜爱，就要努力营造画面感，这样听众才会一边听故事一边在心中呈现相应的画面。有画面感的故事能够吸引听众，没有画面感的故事只会让听众感到索然无味，在不知不觉间走神，想一些与故事无关的事情，或百无聊赖地做一些小动作等。

讲故事的人要怎么做，才能成功地创造画面感呢？首先，要描述感觉和知觉，这样有助于产生代入感，吸引听众跟随故事的内容调动自身的感官，产生身临其境的感觉。诸如，描述自己闻到了什么味道，看见了什么情景，产生了怎样的身体感触。其次，要描述重要的细节。描述越是细致入微，越是能够带着听众进入我们想要营造的氛围中。反之，如果故事粗枝大叶，只讲述了梗概，而没有任何细节性的描述，就很难激发听众的想象力和感受力。再次,要入木三分地刻画生动的人物形象。如果说故事情节对听众的吸引力不够,那么生动的人物形象则会牢牢吸引听众的关注。当听众特别喜欢故事中的某个人物时,他们就会跟着该人物命运发展的节奏,一起哭哭笑笑,一起充满希望或者灰心丧气,甚至还会把自己想象成为故事中的角色,幻想着自己也置身于相同的境遇中,面临着同样艰难的抉择。如此一来,还担心没有画面感吗?最后,还可以借助面部表情、肢体动作等。讲故事的人如果只是以语言为故事的载体,故事未免就显得单薄。在绘声绘色地讲故事时,如果能够配合相应的面部表情和肢体动作,画面感就会更强,也有助于听众理解故事。在课堂上,对那些经典的文学著作描述的场景,老师往往会组织学生表演,这就是借助于调动多重感官的方式加深学生对内容的理解和记忆。例如,著名的《雷雨》的片段入选语文课本,成为很多学生首选的课本剧表演剧本。

在时间的流逝中,我们也许会遗忘很多信息,却会把画面镌刻在内心深处。不管是听故事,还是阅读文学作品,都会在我们的心中形成画面感。有个女孩在初中阅读了《红旗谱》,十几年后,她无意间看到电视剧《红旗谱》,只看了短短十几秒,就惊呼道:"《红旗谱》拍成电视剧啦!"在这个事例中,我们会发现通过眼睛看和耳朵听的故事,都会在不知不觉的状态下被加工成了一幅幅画面珍藏在心间。当看见由这些内容改编的影视剧时,我们也不会觉得陌生,这就是画面感的神奇魔力!

第七章
精彩的故事，三分靠讲七分靠演

好故事有性格

俗话说，江山易改，禀性难移。这句话告诉我们，每个人的性格一旦形成，就很难改变。其实，不仅人有性格，好故事也是有性格的。那么，好故事的性格从何而来呢？众所周知，好故事有诸多要素，不但要有情节脉络，还要有场景描写、人物刻画、风景描写等因素。在这些因素中，对人物刻画起到重要作用的对话，成就了好故事的性格。

好故事一定要有对话，因为对话能够增强故事的活力，也让故事拥有鲜明的性格。对话作为故事的六大要素之一，是至关重要的。然而，在讲故事的过程中，很多人都会忽略对话。有对话的故事自带灵魂，有对话的故事是认真的，也是走心的。当然，并没有人规定故事必须有对话，很多故事是陈述性的，没有任何对话，导致故事读起来乏味无趣。每一个讲故事的人都想要用精彩的讲述吸引听众，带着听众进入故事所描述的世界中，这时就要加入对话。

也许有些人对此有疑问，为自己辩解："我讲的故事没有其他人物，只有一个主角，压根没有对话的机会啊！"不得不说，这样的故事的问题出在根源上，作为讲述素材的故事就只有一个人物，可想而知这个故事有多么无聊和寡淡。换一个角度看，在所有的场景中都可以设置对话，哪怕是只有一个角色的故事，唯一的角色自言自语，就是自己与自己对话。在对话的过程中，可以更加细致入微地刻画角色的心理动态，表明角色内心的纠结、迟疑和犹豫等复杂情绪，有些人物之间的冲突也可以借助对话推动故事情节发展到高潮。

通常情况下，我们习惯性地使用叙述表达自己的想法。这不是一个好习惯，因为如果故事中只有叙述，就无法营造出很多经典的场景。说起对话，不妨参考《红楼梦》中的片段。众所周知，《红楼梦》中的主要人物有宝玉和黛玉，整本书也是以宝玉和黛玉的感情线贯穿其中。因而，作者详细地描述了宝玉和黛玉初次见面的场景。

黛玉一见，便吃一大惊，心下想道："好生奇怪，倒像在哪里见过一般，何等眼熟到如此！"

宝玉看罢，因笑道："这个妹妹我曾见过的。"

贾母笑道："可又是胡说，你又何曾见过她？"

宝玉笑道："虽然未曾见过她，然我看着面善，心里就算是旧相识,今日只作远别重逢,亦未为不可。"

宝玉便走近黛玉身边坐下,又细细打量一番,因问:"妹妹可曾读书?"又问黛玉:"可也有玉没有?"

众人不解其语,黛玉便忖度着因他有玉,故问我有也无,因答道:"我没有那个。想来那玉是一件罕物,岂能人人有的。"

宝玉听了,登时发作起痴狂病来,摘下那玉,就狠命摔去,骂道:"什么罕物,连人之高低不择,还说'通灵'不'通灵'呢!我也不要这劳什子了!"

在这段精彩的对话中,既有宝玉和黛玉的对话,也有黛玉内心的自言自语。通过这段对话,我们就可以了解宝玉的性格,也可以看出黛玉的善解人意,所以才能与宝玉心有灵犀。如果换作是一段干巴巴的叙述,介绍宝玉和黛玉是命中注定的缘分,再以三言两语交代宝玉和黛玉的性格,就不会有这么鲜活的效果。在《红楼梦》中,这段对话是经典桥段,得到了无数红迷的喜爱。

对话之所以能增强故事的活力,首先是因为对话能够营造画面感。在刚刚的桥段中,宝玉的乖张性格跃然纸上,黛玉的心理活动也极其微妙传神。通过阅读这段对话,我们仿佛看到了宝玉和黛玉说话时的神态,也感受到他们心有灵犀的深厚缘分。

其次，对话具有很强的真实性。当听到有人讲起一件离奇的事情时，我们会认为对方是在没有凭据地胡编乱造，因而不愿意相信对方。但是，如果对方在故事中加入对话，我们的心中马上就会产生画面感，也会告诉自己：他说得这么有鼻子有眼的，连某个人说的话都复述了，一定是亲身经历，亲眼所见，也是亲耳所闻。这么想，我们就愿意相信故事，也愿意相信讲故事的人。此外，对话还会解释有些离奇的情节，也会深入刻画有些细节，大大提升故事的可信度。

再次，对话能够推动情节发展。在对话的过程中，时间会快速流转，加速故事情节的发展，也使故事可以随时进入新的背景。例如，日本推理小说家东野圭吾的代表作《白夜行》的时间跨度长达十九年，就离不开对话的推动作用，实现时间的跨越，交代故事的前因后果。

最后，对话能够表达人物感情，刻画人物形象。在很多故事中，人物内心的活动和情绪感受都是通过对话表现的。例如，人物的暴怒还没有到拍桌子砸板凳的程度，就可以用对话的方式发泄不满和怨愤。在与他人对话的过程中，人物的个性会更加鲜明，人物的性格也会得到多方位的展示和呈现。

总之，对话能够演绎一段故事，而不是描绘一段故事。演绎和描绘最大的区别在于，演绎是生动的，是鲜活的；而描绘则是客观的，是沉稳的。

虽然对话如此重要，却不能滥用。好故事必然是精简的，绝不拖泥带水，所以对话也要极其精简。一个好故事，不能以对话贯穿始终，否则会给人留下啰嗦拖沓的印象，也很容易让听众混淆，不知道究竟是谁在说话。只有在关键时刻运用对话，才能保证对话是凝练的，才能避免废话连篇。通常情况下，从冲突拉开序幕，到故事情节发展到高潮，都属于故事的关键情节。在这个部分，应该运用对话起到助力作用。在故事的其他部分，必须慎用对话。

在刻画人物内心的时候，人物与自己的对话起到了关键作用。通过内心的独白、自言自语等方式，才能够表现出人物内心的苦苦挣扎，才能够呈现出内心激烈的思想斗争，才能够塑造饱满的形象。好故事离不开精彩的对话，讲故事的人也要学会扮演不同的角色，还原对话的本色。

肢体动作的表达效果更好

讲故事时,如果始终使用语言描述,听众就会感到乏味,也会因为讲故事的人始终站在那里动嘴巴而兴致索然。其实,擅长讲故事的人会在恰到好处的时候运用肢体动作,吸引听众的关注,起到良好的表达效果。

克雷格·巴伦蒂内对肢体动作的评价极高。他认为,一个人说了什么很难被他人记住,但是他说话的样子却很容易给他人留下深刻印象。一则是因为视觉印象会在人的头脑中留下画面,因而人们对视觉印象的记忆效果更好,而听觉印象只会在人的头脑中留下抽象的信息,因而记忆效果略差;二则是因为配合故事做出的肢体动作更能够吸引听众的关注,使听众全身心投入故事情节中,与故事中的人物产生共鸣。

需要注意的是,过度夸张的肢体动作非但不能起到良好的表达效果,反而会给人留下浮夸的印象,引起他人的反感。基于这一点,我们在讲故事时要适时适度地加入肢体动作,而且幅度不宜过大。

第七章
精彩的故事，三分靠讲七分靠演

所谓肢体语言，指的是肢体动作。经过研究显示，每个人的大脑中都有特殊区域，这些区域储存着很多逻辑复杂的内容，这些内容是以图像形式存在的。打个比方，大脑中的特殊区域就像是大衣柜，按照不同的功能划分为不同的区域，而在不同的区域里保存着不同的物品。例如，有的区域挂长款的衣服，有的区域挂裤子，有的区域挂短款外套，有的区域叠放内衣，有的区域摆放用于装饰的围巾、丝巾等。大脑中也是如此，不同的区域负责储存不同的内容，根据这些内容的特性，相应的区域也具有不同的特性。很多听众并不能只凭着听到的内容准确地找到相应的区域，在这种情况下，如果讲故事的人运用肢体语言，就能直观地引领听众启用相应的大脑区域。

具体来说，我们应该如何应用肢体语言呢？首先，在表达逻辑关系的时候，我们可以运用常用的肢体语言，即以手指示意某个具体的区域。作为演讲者，如果把演讲的内容分为三个部分，也可以把听众按照位置划分为三个部分。当讲述到第一部分的内容时，就指向特定位置的听众；在讲述第二个部分的内容时，就指向相邻位置的听众；在讲述到第三个部分的内容时，则可以指向最后部分的听众。在演讲即将结束时，如果需要复述这三个部分的内容，就可以再指向相应的位置，从而强化听众对演讲内容和自身位置的关系，从而对逻辑关系有更为直观的直觉和印象，有助于加深记忆演讲中的逻辑关系。

　　如果说上述方法是通过指向观众的位置明确演讲的逻辑，而演讲者则在舞台上保持相对固定的位置，那么接下来介绍的方法恰恰相反，是由演讲者移动身体的位置，表达与此对应的三个部分的演讲内容。例如，讲述第一个论点在舞台的右侧，讲述第二个论点在舞台的中间位置，讲述第三个论点在舞台的左侧位置。对演讲者而言，这是很容易做到的，只需要在讲述完一个论点之后顺次移动位置即可。采取这样的方法，就不需要再用手指的方式明确观众的位置。需要注意的是，在阐述到重点内容，或者即将说出一句能够流传的话时，目光一定要聚焦于某个观众的身上，而不要四处游移。

　　除了可以使用肢体语言表示逻辑关系外，还可以用肢体语言表示形状。在讲故事的过程中，我们常常需要描述一个事物的大小，以及具体的形状。在这种情况下，不管采取多么生动形象的语言，都无法起到良好的效果。与其白费唇舌，还不如使用肢体动作，直观地表现出事物的大小和形状。例如，想要形容一个西瓜很大，只需要用两只胳膊环绕，做出一个大圆圈，听众就会明白这个西瓜真的很大，简直抱不下。再如，想要形容一个新的故事角色身材高大健壮时，与其穷尽词语去描述，不如把一只手高高地举过头顶，比划出身高八尺的模样，听众马上就会知道新角色非常高大威猛。再如，形容一个人非常霸道蛮横，可以模仿螃蟹的样子横着走几步，听众就会知道这个人的确横行霸道，蛮不讲理。

使用肢体语言，讲故事的人还能明确地表示位置。所谓讲故事，三分靠讲，七分靠演。如果讲故事的人有表演的天赋，能够把讲故事的过程演化为重现具体场景的过程，就会意识到在舞台上，任何位置都具有非常重要的代表意义，都能变成故事中具体情境下的特殊场景。细心的观众会发现，有些相声演员在说相声的过程中，会随着台词的变化改变位置，与自己的搭档的位置关系也会发生改变，从而微妙地影响听众的心理，吸引听众的注意。

当然，讲好故事并非与生俱来的独特能力，需要通过不断练习才能得到提升。要想具备更强大的故事表达力，我们要从现在开始有意识地练习讲故事，运用所学的相关知识，把故事讲得惟妙惟肖，生动有趣又动人心弦，使听众听得入迷。

此时无声胜有声

很多人都喜欢中国的水墨画，尤其是山水写意的水墨画，感觉特别有意境，能够把人瞬间带入山水之中，内心充满闲情逸致。水墨画之所以有独特的意境，是因为它讲究留白。和其他类型的画作不同，水墨画必须有大面积的留白，有些作品甚至只在画布的一角运笔作画，而让大面积的留白带给人无限的遐思。如果尝试把水墨画的留白填满，就会发现画作的风格完全变了，带给人的美感也会大打折扣，由此可见留白对水墨画的重要作用。

在讲故事的时候，我们也应该借鉴水墨画的技巧，学会适当地停顿，才能起到事半功倍的效果，达到此时无声胜有声的目的。很多人一旦开始讲故事，就会滔滔不绝，口若悬河，丝毫不给听众凝神回味和深入思考的机会。当讲故事的人以紧锣密鼓的节奏推动故事向前发展，听众很有可能跟不上，也就不能完全理解故事的内涵和人物的各种表现。此外，讲故事的人没有丝毫停顿，也会给听众带来巨大的压力，使听众感受到压迫感，甚至会放弃听故事。

为了避免出现这种情况，讲故事的时候也要学习水墨画留白的风格，适时停顿。适当的停顿，就相当于为听众提供机会，让听众消化听到的故事内容，也可以抓住这个机会与讲故事的人互动。对讲故事的人来说，借此机会了解听众的反应，就能更好地调整讲故事的节奏和方向，从而使故事真正地引起听众的共鸣，也带动听众的情绪和感情。

在停顿的过程中，讲故事的人要留心观察听众的反应，重点关注听众的面部表情和肢体语言。因为在短暂的停顿中，为了保持故事的连贯性，也避免打断讲故事的思路，听众未必会给予言语上的回应，而是以面部表情和肢体语言表达内心的感受。在确定大多数听众都了解了自己讲述的内容后，讲故事的人才能继续绘声绘色地讲下去。

由此可见，讲故事的停顿是很重要的。那么，怎样的停顿才是适当的呢？要想做到适时适当停顿，就要先了解停顿的诸多作用。

首先，停顿可以强调重点内容。在讲到重点的情节或者段落之前，可以适当停顿，对于突然发生的停顿，听众一定会感到疑惑和好奇，就会侧耳倾听。

其次，停顿能够加强抖包袱的效果。很多人都喜欢听相声，不难发现舞台经验丰富的、优秀的相声演员很擅长抖包袱。在抖包袱之前，他们总会借助停顿的方式，完成揭示悬念、情节转折的缓解。例如，"想当年，我在医院里——（停顿）——出生时……"通常情况下，一个人在医院里不是当医生，就是当患者，而这句话却以新生命的角色说出，令听众捧腹大笑。在这个意义上，抖包袱是用一句话的前半句调动听众的想象力，让听众利用停顿的片刻循着常规的想法设想后半句的内容，却在得知后半句的内容与自己设想的完全不符之后，忍俊不禁。这样看来，抖包袱的目的在于给听众一些时间，让听众根据上半句话，通过想象，设想下半句话，又在讲故事的人说出下半句话后，意识到自己的想象完全是错误的，更觉得下半句话出人意料。在抖包袱的过程中，停顿是必须的，如果没有停顿，而是一气呵成地说出整句话，就无法营造搞笑的效果。因此，每一次成功的抖包袱都会给观众留下充足的时间，形成反转，起到预期的效果。

那么，停顿应该维持多久呢？这并没有特定的标准，应该以听众自行脑补后半句话需要的时间确定。总之，要给听众充分的时间，否则就失去了停顿的意义。例如，让听众回忆自己当年去大学报到的情景，可以假设自己就是观众，回忆当年去大学报到的情景，就会知道听众回忆需要的大概时间，这就是停顿的适宜时间。

有些讲故事的人没有耐心等待,才刚刚要求听众回忆或开展想象,紧接着就继续讲故事,这会让听众觉得不被尊重,也会对故事失去兴趣。不管做什么事情,都要有始有终,讲故事的人既然对听众提出了问题,就要给听众足够的时间思考。即使讲故事的时间有限,也不要省略停顿的时间,因为停顿对讲故事至关重要,对营造讲故事的氛围更是不可或缺。

不管是公开演讲,还是讲故事,在本质上都是沟通的一种形式。故事讲得是否成功,并不是由讲故事的人评判,而是由听故事的人评判。就像诗人写诗,要能够被人听懂;就像作词的人写歌,要被更多人听懂,才能引起更多人的共鸣,才能在大街小巷传唱。尽管讲故事的人面对的不是所有人,而是特定的听众,或者面对极少数听众,但讲故事的目的依然是被听众接受和理解,对听众产生影响。既然如此,讲故事的人自然要使出浑身解数,才能通过讲故事与他人沟通,达到自己的目的。

营造氛围，演绎属于听众的故事

每一个讲故事的人，都想用故事打动听众，然而，这并非一件容易的事情。因为人人都不想被说服，只想遵从自己的想法和意愿。为了达到这个目的，就要学会营造氛围。营造氛围有很多方法，每种方法各有优劣，其中，演绎属于听众的故事，无疑是最立竿见影的方法。

不管是演讲，还是讲故事，很多情况下都是为了给听众赋能，为了让听众受到教育和引导。作为讲故事的人，与其讲述自己的故事，不如讲述被教导者的成功故事。人，都是好为人师的，不愿意被他人教导，可如果听到的是自己的故事，是自己的亲身经历，是自己曾经非常荣耀的过往，被教导者的心态就会截然不同。

也许这令人难以理解，但是无数事实都证明了这一点，以被教导者的故事引导被教导者，效果往往会令人惊喜。举个简单的例子，如今很多父母都为孩子的学习而烦恼，恨不得孩子从一出生就是学霸。但是，孩子天性爱玩，而且大多数孩

第七章 精彩的故事，三分靠讲七分靠演

子在学习方面的资质都是平庸的，这就注定了他们在学习上的表现平平。为此，很多父母每当辅导孩子写作业或督促孩子学习时，就会河东狮吼，有些父母还因为心急愤怒而身体不适。为了避免这种情况发生，一则是要摆正心态，二则是要掌握正确的方法激励孩子。很多父母常常否定孩子，不是嫌弃孩子太笨，就是认为孩子在学习方面没开窍。试问父母，你们愿意总是被否定和打击吗？父母应该换一种心态，欣赏和鼓励孩子。例如，当孩子在学习方面出现懈怠心理时，可以用孩子以前爬山时一鼓作气攀登顶峰为事例，告诉孩子唯有爬上最高峰才能一览众山小；当孩子写作业拖延时，可以用孩子练习跆拳道时不怕苦、不怕累的精神激励孩子。当父母坚持这么做，孩子会因为父母还记得他们的光辉事迹而开心，还会被自己曾经的拼搏奋斗精神而感动，因而更加努力地表现。

俗话说，良药苦口，忠言逆耳。人性如此，我们就没有必要非要以良药使人感到苦涩，也没有必要非要以忠言令人心生反感。如果有更好的方式激励他人，鼓舞他人，当然要以目的为导向，采取更好的方法。

在讲述被教导者的故事时，需要注意以下几点。

首先，要讲述被教导者的成功事例和积极事例。如果说起被教导者曾经失败的故事，被教导者当然不愿意听，这样的讲

故事就变成了哪壶不开提哪壶，必然会引起不满。只有讲述光荣历史，才会让被教导者产生自豪感和成就感，也才会激励被教导者再接再厉。

其次，在讲故事的过程中，重点强调被教导者通过坚持达成目的的经过，引导被教导者回忆曾经艰难曲折的过程和如愿以偿的喜悦，这样才能增强他们的抗挫折能力，让他们切身意识到当下的困难只是暂时的，只要坚持到底，就能笑到最后。

再次，表达对被教导者的期望。提出期望，是对被教导者的一种信任，也能激发被教导者的信心和勇气。但是，期望不宜过高，一旦超出被教导者的能力，就会令被教导者产生不管多么努力都不能实现期望的感觉，被教导者很有可能自暴自弃，或者破罐子破摔，也就事与愿违了。只有适度的期望，才能既激励被教导者，也不至于给被教导者过大的压力，从而起到最佳效果。

最后，在讲述故事的过程中，适度表现出对被教导者的欣赏和崇拜之情。人人都喜欢认可和肯定，孩子也是如此。当讲故事的人适度欣赏和崇拜被教导者，被教导者会更有成就感，也会油然而生一种自豪感。当然，不要言过其实，不然被教导者就会沾沾自喜，甚至得意忘形。

总而言之，人的本性就是渴望被认可、被赞美，讲述被教导者的故事本身就是对被教导者的认可。如果在过程中侧重强调被教导者排除万难、坚持到底的精神，就能够起到事半功倍的作用，也让被教导者受到极大的激励和鼓舞。在重温胜利的喜悦之后，被教导者树立了信心，充满了勇气，自然能够以全新的姿态全身心地努力面对困境，解决难题，所有问题也就迎刃而解了。

参考文献

[1]高琳.故事力[M].北京：中信出版集团股份有限公司，2020.

[2]哈迪亚·奴里丁.故事力法则[M].北京：北京斯坦威图书有限责任公司，2020.

[3]安东尼·塔斯加尔.故事力思维[M].北京：中国友谊出版社，2019.

[4]凯特·法雷尔.故事力[M].北京：金城出版社，2021.